全国高职高专土建施工类系列规划教材

全国高等职业院校『互联网+』新形态信息化教材

装配式混凝土

预制构件制作与运输

ZHUANGPEISHI HUNNINGTU

YUZHI GOUJIAN

ZHIZUO YU YUNSHU

主编／纪明香　杨道宇　马川峰

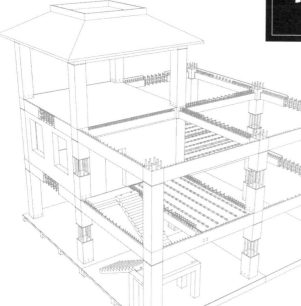

U0218351

1+X

天津大学出版社
TIANJIN UNIVERSITY PRESS

内 容 简 介

本书共分为 4 个项目 11 个工作任务,内容涉及装配式混凝土预制构件的材料验收、模具组装、生产、产品检验、存放及运输等,通过学习本书能够对装配式混凝土预制构件的制作与运输有系统的认知,并能达到指导操作的目标。本书的 11 个任务分别为:装配式混凝土建筑认知、装配式混凝土预制构件认知、预制构件制作工艺流程、预制构件制作设备与工具、预制构件原材料的验收与保管、预制构件生产制作准备、混凝土预制构件的制作、装配式混凝土预制构件存放、装配式混凝土预制构件运输、预制构件质量管理、安全管理与文明生产。

本书可作为高等院校土木工程类、工程管理类、建筑材料类相关专业的教材,也可作为相关企业员工的岗位培训教材。

图书在版编目（CIP）数据

装配式混凝土预制构件制作与运输:1+X/纪明香,杨道宇，马川峰主编. 一天津：天津大学出版社,
2020.6（2022.1重印）

全国高职高专土建施工类系列规划教材　全国高等职业院校"互联网+"新形态信息化教材

ISBN 978-7-5618-6729-7

Ⅰ.①装… Ⅱ.①纪… ②杨… ③马… Ⅲ.①装配式

混凝土结构－装配式构件－制作－教材②装配式混凝土结

构－装配式构件－运输－教材 Ⅳ.①TU37

中国版本图书馆CIP数据核字（2020）第131919号

出版发行	天津大学出版社
地　　址	天津市卫津路92号天津大学内（邮编:300072)
电　　话	发行部:022-27403647
网　　址	www.tjupress.com.cn
印　　刷	廊坊市海涛印刷有限公司
经　　销	全国各地新华书店
开　　本	185mm×260mm
印　　张	12.5
字　　数	312千
版　　次	2022年1月第2版
印　　次	2022年1月第3次
定　　价	39.00元

编审委员会

前言

发展装配式建筑有利于提升建筑品质、实现建筑行业节能减排和可持续发展的目标。随着中共中央、国务院《关于进一步加强城市规划建设管理工作的若干意见》和国务院办公厅《关于大力发展装配式建筑的指导意见》等文件的相继出台,装配式建筑得到快速发展。

人才的培养与储备是发展装配式建筑的重要保障和关键要素。目前,建筑行业急需一大批新型装配式建筑及预制构件设计、生产、运输等方面的人才,因此大力培养装配式建筑需要的技术和管理人才已刻不容缓。装配式建筑中又以装配式混凝土建筑为主,因此鼓励高等学校、职业学校设置装配式混凝土预制构件制作与运输方面的课程,是解决这方面人才紧缺问题的有效措施。

本书以培养装配式混凝土预制构件制作与运输方面的技术与管理人才为目标,以黑龙江宇辉新型建筑材料有限公司的装配式混凝土预制构件的生产与运输为依据,结合现行国家、行业及企业技术标准,系统阐述了装配式混凝土预制构件的种类、制作工艺流程、制作设备与工具、原材料的验收与保管、预制构件生产制作准备及制作、构件存放及运输、安全管理与文明生产等内容。

本书由纪明香、杨道宇、马川峰任主编,刘冬梅、张怡、王晶莹任副主编,贲珊、马洪涛、纪晓薇、邹凌彦参与了本书的编写工作。具体编写分工为:纪明香编写项目 2 中的任务 2.5 并进行全书统稿,杨道宇编写项目 1 中的任务 1.1、任务 1.2,马川峰编写项目 4 中的任务 4.1,刘冬梅编写项目 2 中的任务 2.3,张怡编写项目 2 中的任务 2.1、任务 2.2、任务 2.4,王晶莹编写项目 4 中的任务 4.2,贲珊编写项目 3 中的任务 3.1,马洪涛编写项目 3 中的任务 3.2,纪晓薇、邹凌彦负责全书的视频编辑及习题答案编写。全书由黑龙江宇辉新型建筑材料有限公司总工闫红缨和哈尔滨工业大学土木工程学院实训中心高工邝静喆主审。

由于编者的业务水平和能力有限,书中难免存在一些不足和错误之处,敬请广大读者批评指正。

编　者

2020 年 5 月

目录

项目 1　装配式混凝土建筑及预制构件认知

知识目标

掌握装配整体式混凝土建筑与全装配式混凝土建筑的区别,装配式混凝土建筑结构体系类型,装配率计算方法;掌握预制剪力墙、叠合板、叠合梁、预制柱、预制外挂墙板等预制构件的形状及特点;了解装配式混凝土建筑的发展史及在我国的发展现状。

能力目标

具备区别装配整体式混凝土建筑与全装配式混凝土建筑的能力,计算装配率的能力,区别不同种类预制混凝土构件的能力。

任务 1.1 装配式混凝土建筑认知

1.1.1 装配式混凝土建筑

装配式建筑简介

1. 装配式混凝土建筑在国外的发展历史

1851 年在伦敦建成的用铁骨架嵌玻璃的水晶宫（图 1-1-1）是世界上第一座大型装配式混凝土建筑。1891 年，巴黎 Ed. Coigent 公司首次在比亚里茨（Biarritz）的俱乐部建筑中使用装配式混凝土梁，这是世界上第一个预制混凝土构件。

图 1-1-1　伦敦水晶宫绘图

20世纪50年代,为了解决第二次世界大战后住房紧张和劳动力严重不足的问题,欧洲的一些发达国家大力发展预制装配式建筑,掀起了建筑工业化的浪潮。20世纪60年代左右,建筑工业化的浪潮扩展到美国、加拿大以及亚洲的日本等发达国家。在1989年举行的第11届国际建筑研究与文献委员会大会上,建筑工业化被列为当时世界上建筑技术发展的八大趋势之一。此外,亚洲的新加坡自20世纪90年代初也开始引入装配式住宅,新加坡的建屋发展局(简称HDB)开发的组屋均采用预制装配式技术,一般为15~30层的单元式高层住宅,现已发展得较成熟。

归纳起来,发达国家和地区装配式混凝土建筑的发展大致经历了三个阶段:第一阶段是装配式混凝土建筑形成的初期,重点建立装配式混凝土建筑生产(建造)体系;第二阶段是装配式混凝土建筑的发展期,逐步提高产品(住宅)的质量和性价比;第三阶段是装配式混凝土建筑的成熟期,进一步降低建筑的物耗和环境负荷,发展资源循环型住宅。

2. 装配式混凝土建筑在我国的发展

我国装配式混凝土建筑的应用起源于20世纪50年代。中华人民共和国成立初期,在苏联的帮助下,我国掀起了一个大规模工业化建设的高潮。当时为满足大规模建造工业厂房的需求,由中国建筑标准设计研究院负责编写并出版了单层工业厂房的图集,这是一个全装配混凝土排架结构的系列图集。它是由预制变截面柱、大跨度预制工字形截面屋面梁、预制屋顶桁架、大型预制屋面板以及预制吊车梁等一系列配套预制构件组成的一个完整体系。此图集延续使用到21世纪初,共指导建成厂房面积达3亿 m^2 之多,为我国的工业建设做出了巨大的贡献。

1956年我国首次提出了建筑工业化的口号,当时建筑工业化主要是指构件的工业化生产,北京民族饭店(图1-1-2)就是在这一时期建造的。在此期间,我国在苏联的帮助下,在清华大学、南京工学院(现东南大学)、同济大学、天津大学和哈尔滨建筑工程学院等高等院校,专门设立了混凝土制品构件本科专业。由此可见当时国家对此事的重视以及该领域专业技术人员的稀缺程度。

图 1-1-2 北京民族饭店(建于 1958 年)

从 20 世纪 60 年代初到 80 年代中期,预制构件生产经历了研究、快速发展、使用、发展停滞等阶段,到 20 世纪 80 年代中期,装配式混凝土建筑的应用达到全盛时期,全国许多地方都形成了设计、制作和施工安装一体化的装配式建筑建造模式。此阶段的装配式混凝土建筑以全装配大板居住建筑为代表,包括钢筋混凝土大板、少筋混凝土大板、内板外砖等多种形式。这一时期,全国装配式混凝土建筑的总建造面积约 700 万 m²,其中北京的大约有 386 万 m²,北京建国门外交公寓(图 1-1-3)就是代表性建筑之一。

图 1-1-3　北京建国门外交公寓(建于 1971 年)

20 世纪 80 年代末,装配式混凝土建筑的发展停滞。究其原因,主要有以下几方面。

(1)受设计概念的限制,结构体系追求全预制,尽量减少现场的湿作业量,造成在建筑高度、建筑形式、建筑功能等方面有较大的局限。

(2)受当时的经济条件制约,建筑机具设备和运输工具落后,运输道路狭窄,无法满足相应的工艺要求。

(3)受当时材料和技术水平的限制,预制构件接缝和节点处理不当,引发渗、漏、裂、冷等建筑物理问题,影响正常使用。

(4)施工监管不严,质量下降,造成节点构造处理不当,致使结构在地震中产生较多的破坏,如唐山大地震时,大量砖混结构遭到破坏,使人们对预制楼板的使用缺乏信心。

(5)20 世纪 80 年代初期,我国改革开放后,农村大量劳动者涌向城市,大量未经过专门技术训练的、价格低廉的农民工进入建筑业,从事劳动强度大、收入低的现场浇筑混凝土施工工作,使得有一定技术难度的装配式结构缺乏性价比的优势,最终导致发展停滞。

20 世纪 90 年代初,现浇结构由于具有成本较低、无接缝漏水问题、建筑平立面布置灵活等优势迅速取代了装配式混凝土建筑,绝大多数原有预制构件厂或转产或关门歇业。专门从事生产民用建筑构件的预制工厂极其稀少。近 20 年来,我国大中城市的住宅楼板几乎全部为现浇结构,装配式建筑近乎绝迹。

近 10 年来,由于劳动力数量下降和成本提高以及建筑业“四节一环保”的可持续发展要求,装配式混凝土建筑作为建筑产业现代化的主要形式又开始迅速发展。在市场和政府的双向推动下,装配式混凝土建筑的研究和工程实践成为建筑业的新热点。为了避免重蹈覆辙,国内众多企业、高等院校、研究院所开展了比较广泛的研究和工程实践。在引入欧美、日本等发达国家和地区的现代化技术体系的基础上,完成了大量的理论研究、结构试验研究、生产设备研究、施工装配和工艺研究,初步开发出一系列适用于我国的装配式结构技术体系。宇辉集团于 2010 年建造的哈尔滨新新怡园项目(图 1-1-4)就是装配式结构技术新体系的体现。

图 1-1-4 哈尔滨新新怡园项目

2016 年 9 月,国务院办公厅印发了《关于大力发展装配式建筑的指导意见》,该意见提出:“以京津冀、长三角、珠三角三大城市群为重点推进地区,常住人口超过 300 万的其他城市为积极推进地区,其余城市为鼓励推进地区,因地制宜发展装配式混凝土结构、钢结构和现代木结构等装配式建筑。力争用 10 年左右的时间,使装配式建筑占新建建筑面积的比例达到 30%。”

"发展装配式建筑是建造方式的重大变革,是推进供给侧结构性改革和新型城镇化发展的重要举措,有利于节约资源能源、减少施工污染、提升劳动生产效率和质量安全水平,有利于促进建筑业与信息化工业化深度融合、培育新产业新动能、推动化解过剩产能。"

1.1.2 装配整体式混凝土建筑与全装配式混凝土建筑

按照结构中主要预制承重构件连接方式的整体性能,装配式混凝土结构可分为装配整体式混凝土结构和全装配式混凝土结构。

装配整体式混凝土结构(图 1-1-5)是以钢筋和后浇混凝土为主要连接方式,性能等同于或者接近现浇混凝土结构。《装配式混凝土结构技术规程》(JGJ 1—2014)规定,在各种设计状况下,装配整体式混凝土结构可采用与现浇混凝土结构相同的方法进行结构分析。

图 1-1-5 装配整体式混凝土结构

全装配式混凝土结构(图 1-1-6)的预制构件间采用干式连接,安装简单方便,但设计方法与通常的现浇混凝土结构有较大区别,结构设计时应进行专项设计,专家会审后方能施工。

图 1-1-6　全装配式混凝土结构

1.1.3　装配式混凝土建筑结构体系类型

目前的装配式混凝土建筑技术体系按结构形式主要可以分为剪力墙结构、框架结构、框架—剪力墙结构等。在相关标准及规程中，建议应用装配整体式混凝土结构，所以结构体系类型分为装配整体式剪力墙结构、装配整体式框架结构、装配整体式框架—剪力墙结构。

在我国的建筑市场中，剪力墙结构体系一直占据重要地位，其在居住建筑中可作为结构墙和分隔墙，因其具有无梁、柱外露等特点而得到市场的广泛认可。近年来，装配整体式剪力墙结构发展非常迅速，应用量不断加大，不同形式、不同结构特点的装配整体式剪力墙结构建筑不断涌现，北京、上海、天津、哈尔滨、沈阳、合肥、深圳等诸多城市中均有大量建筑应用该结构。

由于技术和使用习惯等，我国装配整体式框架结构的应用较少，该结构适用于低层、多层和高度适中的高层建筑，主要应用于厂房、仓库、商场、办公楼、教学楼、医务楼等建筑，这些建筑要求具有开敞的大空间和相对灵活的室内布局。总体而言，目前国内的装配整体式框架结构很少应用于居住建筑。但在日本及中国台湾等地区，装配整体式框架结构则大量应用于包括居住建筑在内的高层、超高层民用建筑。

装配整体式框架—剪力墙结构是由框架和剪力墙共同承受竖向和水平作用的结构，兼有框架结构和剪力墙的特点，体系中剪力墙和框架的布置灵活，较易实现大空间和较高的适用高度，可广泛应用于居住建筑、商业建筑、办公建筑等。目前，装配整体式框架—剪力墙结构仍处于研究完善阶段,国内应用数量非常少。

1. 装配整体式剪力墙结构

按照主要受力构件的预制及连接方式,国内的装配式剪力墙结构体系可以分为装配整体式剪力墙结构(图 1-1-7)、叠合板式剪力墙结构(图 1-1-8)及多层剪力墙结构。

图 1-1-7 装配整体式剪力墙结构(武汉名流世家 K2 地块项目)

图 1-1-8　叠合板式剪力墙结构(白沙洲建和世家 11# 楼示范楼项目)

在装配式剪力墙结构体系中,装配整体式剪力墙结构应用较多,适用的房屋高度最大;叠合板式剪力墙结构由于连接简单,近年来在工程项目中的应用逐年增加。

装配整体式剪力墙结构是由全部或部分经整体或叠合预制的混凝土剪力墙构件或部件,通过各种可靠方式进行连接并现场浇筑混凝土共同构成的装配整体式预制混凝土剪力墙结构。其构件之间采用湿式连接,结构性能和现浇结构基本一致,主要按照现浇结构的设计方法进行设计。

装配整体式剪力墙结构的主要受力构件(如内外墙板、楼板等)在工厂生产,现场组装。预制构件之间通过现浇节点连接在一起,有效地保证了建筑物的整体性和抗震性。

目前,国内主要的装配整体式剪力墙结构体系主要包括宇辉、中建、宝业、远大、万科、中南、万融等企业采用的几种,其关键技术的不同在于剪力墙构件之间的接缝形式不同。按照预制剪力墙水平接缝处及竖向钢筋的连接,其划分为以下几种。

(1)竖向钢筋采用套筒灌浆连接,接缝采用灌浆料填实,中建、宝业、远大、万科、万融等企业采用这种方式,这是目前应用量最大的技术体系。

(2)竖向钢筋采用螺旋箍筋约束浆锚搭接连接,接缝采用灌浆料填实,宇辉采用这种方式。

(3)竖向钢筋采用金属波纹管浆锚搭接连接,接缝采用灌浆料填实,中南采用这种方式。

2. 装配整体式框架结构

装配整体式框架结构按照材料可分为装配整体式混凝土框架结构、钢框架结构和木框架结构。装配整体式混凝土框架结构是近年来发展起来的,主要参照日本的相关技术,包括鹿岛、前田等公司的技术体系,同时结合我国的特点进行吸收和再研究而形成。

相对于其他结构体系,装配整体式框架结构的主要特点是:连接节点单一、简单,结构构件的连接可靠并容易得到保证,方便采用等同于现浇的设计概念;框架结构布置灵活,容易满足不同的建筑功能需求;结合外墙板、内墙板及预制楼板或预制叠合楼板应用,装配率可以达到很高水平,适合建筑工业化发展。

目前国内研究和应用的装配整体式混凝土框架结构,根据构件形式及连接形式,可大致分为以下几种。

(1)框架柱现浇,梁、楼板、楼梯等采用预制叠合构件或预制构件,是装配整体式混凝土框架结构的初级技术体系。

(2)在上述体系中,框架柱也采用预制构件,节点刚性连接,性能接近现浇混凝土框架结构,即装配整体式框架结构体系。其可细分为如下几种。

①框架梁、柱预制,通过梁柱后浇节点区进行整体连接,是《装配式混凝土结构技术规程》(JGJ 1—2014)纳入的结构体系。

②梁柱节点与构件一同预制,在梁、柱构件上设置后浇段连接。

③采用现浇或预制混凝土柱,预制预应力混凝土叠合梁、板,通过钢筋混凝土后浇部分将梁、板、柱及节点连成整体的框架结构体系(图1-1-9,左图为预制柱节点整体预制构件示例,右图为梁柱节点整体预制构件示例)。

图1-1-9 预制柱节点和梁柱节点整体预制构件示例

装配整体式框架结构典型项目:福建建超集团建超服务中心1号楼工程;中国第一汽车集团装配式停车楼;南京万科上坊保障房6-05栋楼(图1-1-10)。

图 1-1-10 南京万科上坊保障房 6-05 栋楼

3. 装配整体式框架—剪力墙结构

装配式框架—剪力墙结构根据预制构件部位的不同,可分为装配整体式框架—现浇剪力墙结构、装配整体式框架—现浇核心筒结构、装配整体式框架—剪力墙结构三种形式。

装配整体式框架—现浇剪力墙结构中,预制框架结构部分的技术体系同上文;剪力墙部分为现浇结构,与普通现浇剪力墙结构要求相同。这种体系的优点是适用高度大,抗震性能好,框架部分的装配化程度较高;主要缺点是现场同时存在预制装配和现浇两种作业方式,施工组织和管理复杂,效率不高。由沈阳万融集团承建的"十二运"安保指挥中心和南科大厦项目采用了基于预制梁柱节点的装配整体式框架—现浇剪力墙结构体系,由日本鹿岛公司设计,其中框架梁、柱全部预制,剪力墙现浇。

装配整体式框架—现浇核心筒结构具有很好的抗震性能。其预制框架与现浇核心筒同步施工时,两种施工工艺交叉影响,难度较大;核心筒结构先施工、框架结构跟进的施工顺序可大大提高施工速度,但这种施工顺序需要研究预制框架与现浇核心筒结构间的连接技术和后浇连接区段的支模、养护等,增大了施工难度,降低了效率。因此,从保证结构安全以及施工效率的角度出发,核心筒部位的混凝土浇筑可采用滑模施工等较先进的施工工艺,施工效率高。

关于装配整体式框架—剪力墙结构体系,国外(比如日本)进行过类似研究并有大量工程实践,但体系稍有不同。国内目前正在开展相关的研究工作,并且根据研究成果已在沈阳建筑大学研究生公寓(图 1-1-11)、万科研发中心公寓等项目中开展了试点应用。

图 1-1-11　沈阳建筑大学研究生公寓

装配整体式框架—剪力墙典型项目：上海城建浦江 PC（Precast Concrete，预制混凝土）保障房项目（图 1-1-12）；龙信集团龙馨家园老年公寓。

图 1-1-12　上海城建浦江 PC 保障房项目

1.1.4　装配率的概念与计算方法

《装配式建筑评价标准》（GB/T 51129—2017）（以下简称《标准》）自 2018 年 2 月 1 日起实施，该标准的编制是以促进装配式建筑的发展、规范装配式建筑的评价为目标，根据系统性的指标体系进行综合打分，采用装配率来评价装配式建筑的装配化程度。《标准》共设置 5 章 28 个条文，其中总则 4 条，术语 5 条，基本规定 4 条，装配率计算 13 条，评级等级划分 2 条。根据《标准》在装配式建筑项目中的实际应用，做如下 7 点总结。

1. 适用范围

《标准》适用于评价采用装配方式建造的民用建筑,包括居住建筑和公共建筑。对于一些与民用建筑相似的单层和多层厂房等工业建筑,如精密加工车间、洁净车间等,当符合本标准的评价原则时,可参照执行。

2. 装配式建筑的评价指标

《标准》规定装配式建筑的评价指标统一为"装配率",明确了装配率是对单体建筑装配化程度的综合评价结果,装配率具体定义为:单体建筑室外地坪以上的主体结构、围护墙和内隔墙、装修和设备管线等采用预制部品部件的综合比例。

3. 装配率计算和装配式建筑等级评价单元

《标准》第 3.0.1 条,装配率计算和装配式建筑等级评价应以单体建筑作为计算和评价单元,并应符合下列规定:

（1）单体建筑应按项目规划批准文件的建筑编号确认;

（2）建筑由主楼和裙房组成时,主楼和裙房可按不同的单体建筑进行计算和评价;

（3）单体建筑的层数不大于 3 层,且地上建筑面积不超过 500 m² 时,可由多个单体建筑组成建筑组团作为计算和评价单元。

4. 装配率计算法

装配率应根据表 1-1-1 中的评价项分值按下式计算:

$$P = \frac{Q_1 + Q_2 + Q_3}{100 - Q_4} \times 100\%$$

式中　P——装配率;

Q_1——主体结构指标实际得分值;

Q_2——围护墙和内隔墙指标实际得分值;

Q_3——装修和设备管线指标实际得分值;

Q_4——评价项目中缺少的评价项分值总和。

表 1-1-1　装配式建筑评分表

评价项		评价要求	评价分值	最低分值
主体结构 （50 分）	柱、支撑、承重墙、延性墙板等竖向构件	35% ≤比例≤80%	20~30*	20
	梁、板、楼梯、阳台、空调板等构件	35% ≤比例≤80%	10~20*	
围护墙和内隔墙 （20 分）	非承重围护墙非砌筑	比例≥80%	5	10
	围护墙与保温、隔热、装饰一体化	50% ≤比例≤80%	2~5*	
	内隔墙非砌筑	比例≥50%	5	
	内隔墙与管线、装修一体化	50% ≤比例≤80%	2~5*	

评价项		评价要求	评价分值	最低分值
装修和设备管线（30分）	全装修	—	6	6
	干式工法楼面、地面	比例≥70%	6	—
	集成厨房	70%≤比例＜90%	3~6*	
	集成卫生间	70%≤比例＜90%	3~6*	
	管线分离	50%≤比例＜70%	4~6*	

注：表中带"*"项的分值采用"内插法"计算，计算结果取小数点后1位。

1）表1-1-1中"主体结构（50分）"的解读

符合现行国家标准的装配式建筑体系均可按《标准》评价，主要为装配式混凝土结构、装配式钢结构、装配式木结构、装配式组合结构和装配式混合结构的建筑。

（1）装配式混凝土建筑主体结构的竖向构件按《标准》第4.0.2、4.0.3条计算；竖向构件的应用比例为预制混凝土体积之和除以结构竖向构件混凝土总体积；水平构件的应用比例为预制构件水平投影面积之和除以建筑平面总面积。基于目前国标推荐的装配整体式混凝土结构，充分考虑竖向预制构件间连接部分（预制墙板间水平、竖向连接，框架梁柱节点区，预制柱间竖向连接区等）的后浇混凝土标准化施工要求，将预制构件与合理连接作为一个装配式整体。计入预制混凝土体积的主体结构竖向构件间连接部分的后浇混凝土规定见《标准》第4.0.3条。

（2）装配式钢结构、装配式木结构中主体结构竖向构件的评分值可为30分。

（3）装配式组合结构和装配式混合结构建筑主体结构的竖向构件可结合工程项目的实际情况，在预评价中进行确认。

水平构件中预制部品部件的应用比例的计算方法见《标准》第4.0.4、4.0.5条。

2）表1-1-1中"围护墙和内隔墙（20分）"的解读

（1）非承重围护墙、内隔墙非砌筑是装配式建筑重点发展的内容之一，目前上海政策的装配率应用项、江苏政策的"三板"应用项都有提及。

（2）非砌筑墙体以工厂生产、现场安装、干法施工为主要特征，常见类型有大中型板材、幕墙、木骨架或轻钢骨架复合墙、新型砌体。

（3）建筑墙体的设计集成和集成产品对装配式建筑非常重要，比如"围护墙与保温、隔热、装饰一体化""内隔墙与管线、装修一体化"评分项的应用。

3）表1-1-1中"装修和设备管线（30分）"的解读

（1）装配式建筑要求"全装修"的应用是指建筑功能空间的固定面装修和设备设施安装全部完成，达到建筑使用功能和性能的基本要求。

（2）考虑工程实际需要，纳入管线分离比例计算的管线专业包括电气（强电、弱电、通信等）、给水、排水和采暖等专业，尽可能减少甚至消除管线的维修和更换对建筑各系统部品等的影响是要达到的重要目标之一,故表 1-1-1 中纳入"干式工法楼面、地面""管线分离"评分项的应用。

(3)表中"集成厨房""集成卫生间"两项应用的重点是通过设计集成、工厂生产和主要采用干式工法装配而成。

5. 装配式建筑的基本标准

《标准》以控制性指标明确了最低准入门槛,以竖向构件、水平构件、围护墙和分隔墙、全装修等指标,分析建筑单体的装配化程度,发挥了《标准》的正向引导作用。《标准》第3.0.3 条提出,装配式建筑应同时满足下列要求:

(1)主体结构部分的评价分值不低于 20 分;

(2)围护墙和内隔墙部分的评价分值不低于 10 分;

(3)采用全装修;

(4)装配率不低于 50%。

6. 装配式建筑的两种评价

《标准》中规定了装配式建筑的认定评价与等级评价两种评价方式,对装配式建筑设置了相对合理可行的"准入门槛",达到最低要求时,才能认定为装配式建筑,再根据分值进行等级评价。《标准》第 3.0.2 条提出,装配式建筑评价应符合下列规定:

(1)设计阶段宜进行预评价,并应按设计文件计算装配率;

(2)项目评价应在项目竣工验收后进行,并应按竣工验收资料计算装配率和确定评价等级。

在设计阶段可以进行预评价,《标准》用的是"宜",也就是说不是必须执行的程序。预评价的作用:对项目设计方案做出预判与优化;对项目设计采用新技术、新产品和新方法等的评价方法进行论证和确认;为施工图审查、项目统计与管理等提供基础性依据。

项目评价应在竣工验收后,依据验收资料进行,主要工作有:对项目实际装配率进行复核,进行装配式建筑的认定;根据项目申请,对装配式建筑进行等级评价。

装配式建筑的两种评价方式间存在 10 分的差值,在项目成为装配式建筑与具有评价等级间存有一定空间,为地方政府制定奖励政策提供弹性范围。

7. 装配式建筑的等级评价

装配式建筑项目评价应在项目竣工验收后进行,并应按竣工验收资料计算装配率和确定评价等级。《标准》第 5.0.1、5.0.2 条内容如下。

(1)当评价项目满足《标准》第 3.0.3 条规定,且主体结构竖向构件中预制部品部件的应用比例不低于 35% 时,可进行装配式建筑等级评价。

(2)装配式建筑评价等级应划分为 A 级、AA 级、AAA 级,并应符合下列规定。

①装配率为 60%~75% 时,评价为 A 级装配式建筑。

②装配率为 76%~90% 时,评价为 AA 级装配式建筑。

③装配率为 91% 及以上时,评价为 AAA 级装配式建筑。

习题及答案

一、填空题

1.( )年在伦敦建成的用铁骨架嵌玻璃的水晶宫是世界上第一座大型装配式混凝土建筑。

2.( ),为了解决第二次世界大战后住房紧张和劳动力严重不足的问题,欧洲的一些发达国家大力发展预制装配式建筑,掀起了建筑工业化的浪潮。

3.我国到( ),装配式混凝土建筑的应用达到全盛时期。

4.( ),国务院办公厅印发了《关于大力发展装配式建筑的指导意见》。

5.国务院办公厅《关于大力发展装配式建筑的指导意见》中提出,力争用10年左右的时间,使装配式建筑占新建建筑面积的比例达到( )%。

6.按照结构中主要预制承重构件( )的整体性能,装配式混凝土结构可分为装配整体式混凝土结构和全装配式混凝土结构。

7.按照主要受力构件的预制及连接方式,国内的装配式剪力墙结构体系可以分为装配整体式剪力墙结构、( )结构、多层剪力墙结构。

8.装配整体式框架结构按照材料可分为装配整体式混凝土框架结构、( )框架结构和( )框架结构。

9.( )是对单体建筑装配化程度的综合评价结果。

10.装配式建筑评价等级应划分为( )级、( )级、( )级。

二、简答题

1.20世纪80年代末,装配式混凝土建筑的发展停滞,究其原因,主要有哪些方面?

2.目前的装配式混凝土建筑技术体系有哪些?

3.按照预制剪力墙水平接缝处及竖向钢筋的连接,装配整体式剪力墙结构的技术体系划分为哪几种?

4.装配式建筑评价等级应划分为A级、AA级、AAA级,并应符合哪些规定?

习题答案

任务 1.2　装配式混凝土预制构件认知

预制构件展示

　　自 2010 年以来,我国在装配式混凝土结构的工程应用以及相关技术标准体系、标准设计体系的建设方面都呈现出快速发展的局面。到目前为止,已基本建立起以装配式框架、装配式剪力墙等结构为主体的装配式混凝土结构的建筑体系和技术标准体系。

　　装配式混凝土结构应用的建筑类型以住宅建筑为主体,并逐步向学校、办公建筑、停车楼、精密车间等建筑类型发展。

　　预制混凝土构件是指在工厂或现场预制的混凝土构件,简称预制构件。

　　在装配式混凝土结构中,常用的预制构件(图 1-2-1)主要包含预制剪力墙、叠合板、叠合梁、预制柱、预制外挂墙板、预制楼梯、预制内隔墙、叠合阳台板、预制女儿墙等。其中叠合板、叠合梁、预制楼梯等构件类型应用范围最广,并逐步向预制柱、预制剪力墙、预制外挂墙板、预制内墙板等功能性部品部件方向发展。随着装配式技术的应用建筑类型不断扩展,预制构件也会得到更大的发展。

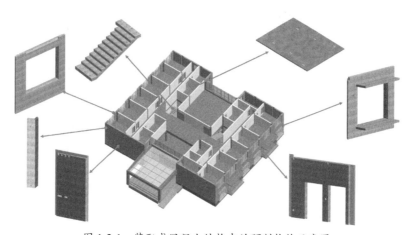

图 1-2-1　装配式混凝土结构中的预制构件示意图

预制构件的设计应当是建筑设计与工业产品设计的完美结合,建筑工程师及结构工程师对此应有充分的认识,掌握必要的知识和技能。

预制构件的设计要求与现浇混凝土结构构件有很大的不同,其需要考虑的因素更多:既要考虑结构整体性能的合理性,还要考虑构件结构性能的适宜性;既要满足结构性能的要求,还要满足使用功能的要求;既要符合设计规范的规定,还要符合生产和安装施工工艺的要求;既要受单一构件尺寸公差和质量缺陷的控制,还要与相邻构件进行协调;同时还与材料、环境、部品集成、运输、堆放有关。预制构件出厂前要预安装(图 1-2-2)。

图 1-2-2　预制构件出厂前预安装

随着工程实践的不断丰富,特别是随着新型复合材料的综合运用、基于性能目标设计方法的成熟使用、建筑产品集成度的提高、生产和施工工艺的发展等,预制构件的设计原则还会不断地得到丰富、完善和发展。

1.2.1　预制剪力墙

预制剪力墙构件是装配式结构中的重要承重构件,预制剪力墙根据使用位置不同分为预制剪力墙外墙板和预制剪力墙内墙板。此外,近年来还引入了叠合板式剪力墙。

1. 预制剪力墙外墙板

预制剪力墙外墙板(图 1-2-3、图 1-2-4)由内叶板、外叶板与中间的保温层通过连接件浇筑而成,也称为预制混凝土夹心保温剪力墙墙板(又称预制三明治外墙)。内叶板为预制混凝土剪力墙,中间夹有保温层,外叶板为钢筋混凝土保护层。预制剪力墙外墙板是集承重、围护、保温、防水、防火等功能于一体的重要装配式预制构件。在施工现场,内叶板侧面通过预留钢筋与现浇剪力墙边缘构件连接,底部通过钢筋灌浆套筒与下层预制剪力墙预留钢筋相连。

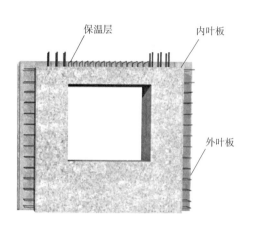

图 1-2-3　预制剪力墙外墙板示意图

图 1-2-4　预制剪力墙外墙板实体图

2. 预制剪力墙内墙板

预制剪力墙内墙板(图 1-2-5)布置在装配式混凝土建筑内部,起着分隔房间、承受楼板荷载等作用。

图 1-2-5 预制剪力墙内墙板实体图

3. 叠合板式剪力墙

叠合板式剪力墙技术源于欧洲。该种结构体系在德国等国家已经得到广泛的应用,具有施工方便快捷、有利于环保、工业化生产、构件质量容易控制等优点,但基本上没有考虑抗震设防的问题。

近年来,叠合板式剪力墙技术被引入国内,在推广之前科研工作者和企业积极开展了关于叠合板式剪力墙的研究,在一些地区已经开始推广并颁布了相应的地方规范和标准，主要有安徽省地方标准《叠合板式混凝土剪力墙结构技术规程》（DB34/T 810—2008）、湖南省地方标准《混凝土装配—现浇式剪力墙结构技术规程》（DBJ43T 301—2015）、浙江省地方标准《叠合板式混凝土剪力墙结构技术规程》（DB33/T 1120—2016）、黑龙江省地方标准《预制装配整体式房屋混凝土剪力墙结构技术规程》（DB23/T 1813—2016）、上海市工程建设规范《装配整体式叠合剪力墙结构技术规程》（DG/TJ 08—2266—2018）、湖北省地方标准《装配整体式混凝土叠合剪力墙结构技术规程》（DB42/T 1483—2018）等。

《预制装配整体式房屋混凝土剪力墙结构技术规程》（DB23/T 1813—2016）中定义，叠合板式剪力墙是由两层预制混凝土薄板通过格构钢筋连接制作而成的预制混凝土墙板，经现场安装就位并可靠连接后，在两层薄板中间浇筑混凝土而形成装配整体式预制混凝土剪力墙，见图 1-2-6。

图 1-2-6 叠合板式剪力墙实体图

工厂生产预制构件时，在预制墙板的两层之间、预制楼板的上面设置格构钢筋（图1-2-7），格构钢筋既可作为吊点，又能增加平面外刚度，防止构件起吊时开裂。且在使用阶段，格构钢筋作为连接墙板两层预制片与二次浇筑夹心混凝土的拉结筋，叠合楼板的抗剪键对提高结构整体性和抗剪性具有重要作用。由于板与板之间含空腔，现场安装就位后再在空腔内浇筑混凝土，由此形成的预制和现浇混凝土整体受力的墙体俗称"双皮墙"。

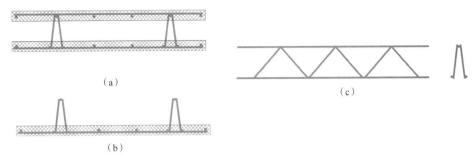

图 1-2-7　预制构件及格构钢筋示意图

（a）预制墙板；（b）预制楼板（上面浇筑叠合层）；（c）格构钢筋

　　叠合板式剪力墙的竖向连接与常规预制剪力墙不同，它是通过空腔内插筋，然后内浇混凝土，将上下墙体连接成整体（图 1-2-8），结合面更大。黑龙江宇辉集团的钢筋约束浆锚搭接连接技术构造简单、安装方便，在满足结构安全性要求的同时，比其他同等连接方式的成本更低，每平方米造价可节约 20 元左右。

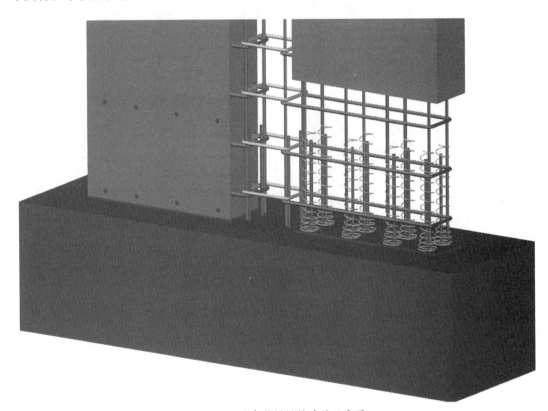

图 1-2-8　约束浆锚搭接连接示意图

1.2.2　叠合板

叠合板是由预制板和现浇钢筋混凝土层叠合而成的装配整体式楼板。预制板既是楼板结构的组成部分之一,又是现浇钢筋混凝土叠合层的永久性模板。现浇叠合层内可敷设水平设备管线。叠合楼板整体性好,板的上下表面平整,便于饰面层装修,适用于对整体刚度要求较高的高层建筑和大开间建筑。

叠合板分为带桁架钢筋和不带桁架钢筋两种。当叠合板跨度较大时,为了保证预制板脱模吊装时的整体刚度与使用阶段的水平抗剪性能,可在预制板内设置桁架钢筋(图 1-2-9、图 1-2-10)。当未设置桁架钢筋时,叠合板的预制板与后浇混凝土叠合层之间应设置抗剪构造钢筋,这一方法在国内应用比较少。

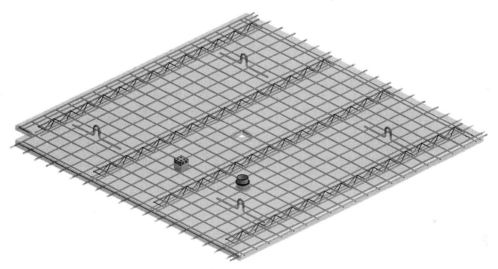

图 1-2-9　叠合板设置桁架钢筋示意图

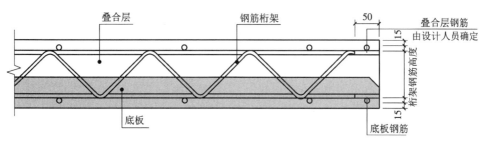

图 1-2-10　叠合板桁架钢筋剖面图

预制桁架钢筋叠合板(图 1-2-11)起源于 20 世纪 60 年代的德国,采用在预制混凝土叠合底板上预埋三角形钢筋桁架(图 1-2-12 和图 1-2-13)的方法,现场铺设叠合楼板后,再在底板上浇筑一定厚度的现浇混凝土,形成整体受力的叠合楼盖。

预制桁架钢筋叠合底板可按照单向受力和双向受力进行设计,数十年的研究和实践表明,其技术性能与同厚度的现浇楼盖性能基本相当。

欧洲和日本的叠合板均为单向板(图 1-2-14),规格化产品,板侧不出筋。即使符合双向板条件的叠合板也同样做成单向板,如此给自动化生产带来很大的便利。双向板虽然在配筋上较单向板节省,但如果板侧四面都要出筋,现场浇筑混凝土后浇带代价很大,得不偿失。

图 1-2-11　预制桁架钢筋叠合板实体图

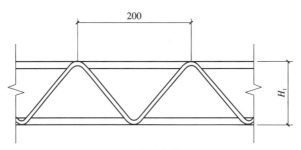

图 1-2-12　钢筋桁架立面图

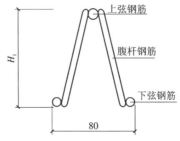

图 1-2-13　钢筋桁架剖面图

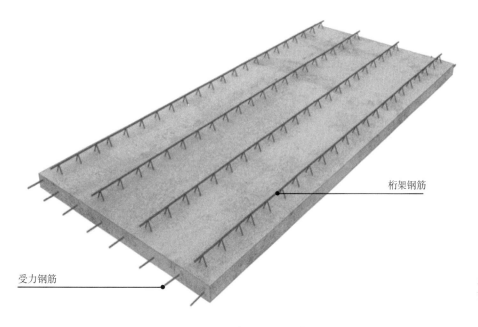

桁架钢筋

受力钢筋

图 1-2-14　预制桁架钢筋叠合单向板

　　21 世纪初,万科、宝业西伟德等企业在装配式建筑中对该叠合板进行了大量的尝试,后来这一技术被纳入《装配式混凝土结构技术规程》(JGJ 1—2014)中,相关部门制定了配套的国家标准图集,在国内装配式混凝土建筑中该叠合板已成为主流的预制构件之一。

　　近年来,国内通过大量的科研和试验,提出了"四面不出筋"的预制桁架钢筋叠合板(图 1-2-15)的应用,叠合板依靠后浇层和附加钢筋满足相应的设计要求。"四面不出筋"的叠合板更好地解决了叠合板制作和后期施工中叠合板间的连接难题,同时极大地提高了装配式建筑的工业化和自动化效率。中国工程建设标准化协会标准《钢筋桁架叠合楼板应用技术规程》已通过审查,正在报批中。其中对"四面不出筋"等做法(图 1-2-16)均有相应规定。

图 1-2-15　"四面不出筋"的预制桁架钢筋叠合板

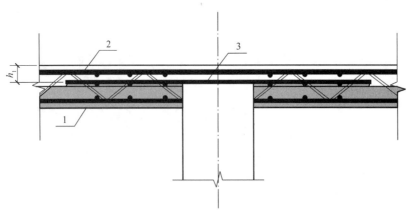

图 1-2-16　无外伸纵筋的叠合板端支座构造示意图

1—预制板；2—叠合层；3—附加钢筋

1.2.3　叠合梁

叠合梁（图 1-2-17 和图 1-2-18）是指在预制钢筋混凝土梁上后浇混凝土形成的整体受弯梁。叠合梁一般分两步实现装配和完整度：第一步是在工厂内浇筑完成，通过模具将梁内底筋、箍筋与混凝土浇筑成型，并预留连接节点；第二步是在施工现场浇筑完成，绑扎上部钢筋与叠合板一起浇筑成整体。所以，叠合梁通常与叠合板配合使用，浇筑成整体楼盖。

图 1-2-17　日本预制叠合梁实体图

图 1-2-18　叠合梁实体图

　　叠合梁采用预制地梁作为永久性模块,在上部现浇混凝土与楼板形成整体,它是预制构件和现浇结构的结合,同时兼有两者的优点。

　　自 20 世纪 60 年代起,国内外学者对叠合梁叠合面处的应力状态及叠合面的抗剪强度进行了大量的理论分析和试验研究,已得出比较一致的结论:通过对叠合面采取适当的构造措施,完全可以保证叠合梁的共同工作。

　　叠合梁按预制部分的截面形式可分为矩形截面叠合梁(图 1-2-19)和凹口截面叠合梁(图 1-2-20)。凹口截面叠合梁的优势为能更好地完成新旧混凝土的结合,受力更合理。

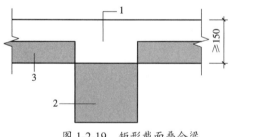

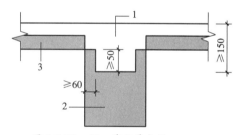

图 1-2-19　矩形截面叠合梁　　　　　　图 1-2-20　凹口截面叠合梁

1—后浇混凝土叠合梁;2—预制梁;3—预制板

　　叠合梁的箍筋形式分为整体封闭箍筋和组合封闭箍筋两种,分别见图 1-2-21 至图 1-2-23。《装配式混凝土结构技术规程》(JGJ 1—2014)中第 7.3.3 条规定,抗震等级为一、二级的叠合框架梁的梁端箍筋加密区宜采用整体封闭箍筋。

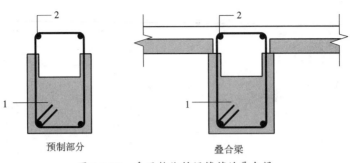

图 1-2-21　采用整体封闭箍筋的叠合梁

1—预制梁；2—上部纵向钢筋

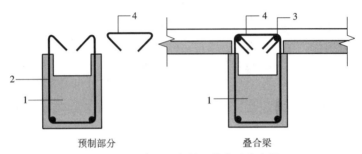

图 1-2-22　采用组合封闭箍筋的叠合梁

1—预制梁；2—开口箍筋；3—上部纵向钢筋；4—箍筋帽

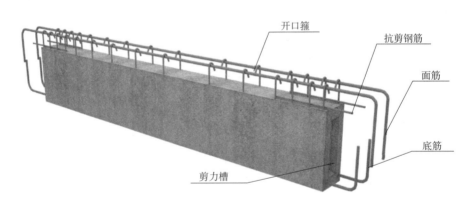

图 1-2-23　组合封闭箍筋叠合梁三维示意图

1.2.4　预制柱

预制柱一般分为实体预制柱和空心预制柱两种。实体预制柱（图 1-2-24）一般在层高位置预留下钢筋接头，完成定位固定之后，在梁、板交汇的节点位置使钢筋连通，并依靠后浇混凝土整体固定成型。

图 1-2-24　实体预制柱

上下层预制柱的竖向钢筋通常采用灌浆套筒进行连接,在预制柱下部预埋钢筋灌浆套筒,通过注入灌浆料,完成上下柱之间的力学传递。图 1-2-25 所示为安装固定后的实体预制柱。

图 1-2-25　安装固定后的实体预制柱

套筒灌浆方式在日本、欧美等国家和地区已经有长期、大量的实践经验,国内也有充分的试验研究、一定的应用经验以及相关的产品标准和技术规程。

套筒灌浆技术(图 1-2-26)是将连接钢筋插入凹凸槽的高强套筒内,然后注入高强灌浆料,硬化后钢筋和套筒牢固结合在一起形成整体,通过套筒内侧的凹凸槽和变形钢筋的凹凸纹之间的灌浆料来传力。

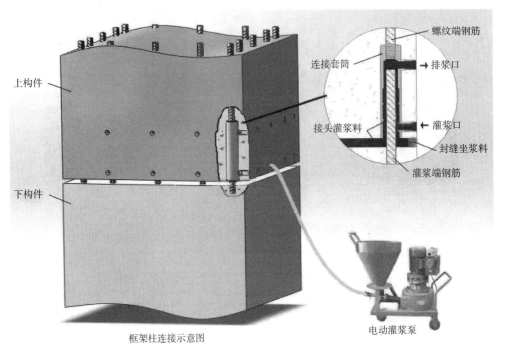

图 1-2-26　预制柱灌浆套筒连接示意图

1.2.5　预制外挂墙板

预制外挂墙板(图 1-2-27)是指安装在主体结构上起围护、装饰作用的非承重预制混凝土外墙板。预制外挂墙板集围护、装饰、防水、保温于一体,采用工厂化生产、装配化施工,具有安装速度快、质量可控、耐久性好、便于保养和维修等特点,符合国家大力发展装配式建筑的方针政策。

预制外挂墙板作为一种良好的外围护结构,在国外得到了较为广泛的应用,一些国家在相关标准、设计、加工、施工、运营维护、配套产品等方面均比较成熟。我国也颁布了《预制混凝土外挂墙板应用技术标准》(JGJ/T 458—2018),对预制外挂墙板的设计、加工、施工和验收做出了相关的规定。

基于预制外挂墙板系统自身的复杂性,合理的外挂墙板支撑系统选型、墙板构件设计和墙板接缝及连接节点设计是预制外挂墙板合理应用的前提。

预制外挂墙板与主体结构的连接采用柔性连接构造(图 1-2-28),主要有点支撑和线支撑两种安装方式,按照装配式建筑的装配工艺分类,应该属于干式做法。

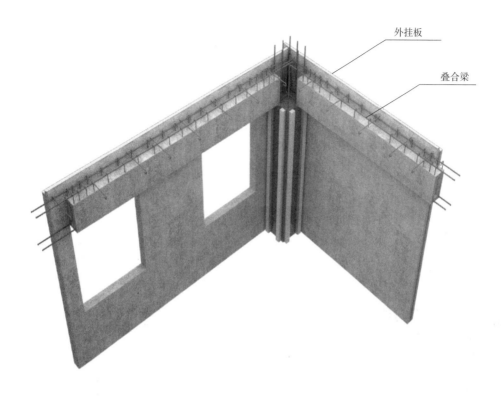

图 1-2-27　预制外挂墙板示意图

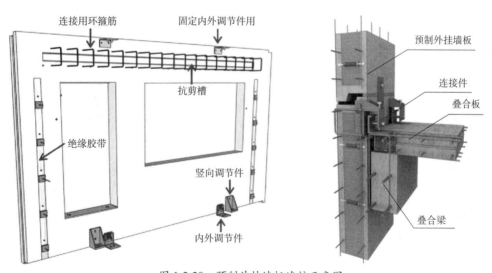

图 1-2-28　预制外挂墙板连接示意图

　　目前,点支撑外挂墙板可以分为平移式外挂墙板和旋转式外挂墙板,它们与主体结构的连接节点又可分为承重节点和非承重节点两类。外挂墙板与主体结构的连接节点应采用预埋件,不得采用后锚固的方法。

预制外挂墙板的适用范围主要为民用建筑，包括居住建筑和公共建筑。在公共建筑中使用的预制外挂墙板，不仅具有耐久性好、造价低、质量可控等优点，还具有独特的建筑外立面装饰效果，是国内外广泛采用的外围护结构形式。

近年来，随着装配式建筑的快速发展，预制外挂墙板逐步应用于居住建筑中，其能有效解决外墙的开裂、漏水等质量问题，减少外墙施工的现场湿作业，起到节能环保及减少劳动力需求等作用。考虑到居住建筑的使用功能要求相对特殊，在居住建筑中应用预制外挂墙板时，应特别注意细化并完善外挂墙板与主体结构之间的连接节点及接缝构造，以满足上下楼层间的隔声、防水、防火等要求。

1.2.6 其他类预制构件

1. 预制楼梯

预制楼梯是指在工厂制作的两个平台之间若干连续踏步、或若干连续踏步和平板组合的混凝土构件。预制楼梯按结构形式可分为预制板式楼梯（图 1-2-29）和预制梁板式楼梯。

图 1-2-29 预制板式楼梯

建筑工业行业标准《预制混凝土楼梯》（JG/T 562—2018）规定了预制混凝土楼梯的分类、代号和标记、一般要求、要求、试验方法、检验规则、标志、堆放和运输、产品合格证。

预制楼梯与支撑构件之间宜采用简支连接。采用简支连接时，宜一端设置固定铰（图1-2-30），另一端设置滑动铰（图1-2-31）。设置滑动铰的端部应采取防止滑落的构造措施。

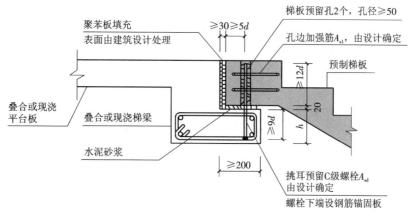

图 1-2-30　预制楼梯高端支撑为固定铰做法

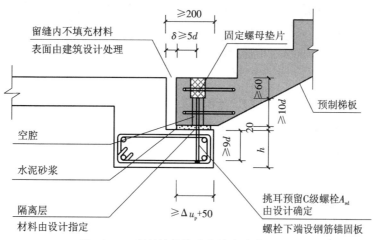

图 1-2-31　预制楼梯低端支撑为滑动铰做法

　　预制楼梯在工厂预制,现场安装质量、效率大大提高,节约了工时和人力资源,且安装一次完成,无须再做饰面,清水混凝土面直接交房,外观好,结构施工阶段支撑少、易通行,生产工厂和安装现场无垃圾产生。

2. 预制阳台板

　　预制阳台板是指突出建筑物外立面的悬挑构件,按照构件形式分为叠合板式阳台、全预制板式阳台、全预制梁式阳台(图 1-2-32)。预制阳台板通过预埋件焊接及钢筋锚入主体结构后浇筑层进行有效连接。

图 1-2-32　全预制梁式阳台

　　叠合板式阳台类似于叠合板,由预制部分和叠合部分组成,主要通过预制部分的预制钢筋与叠合层的钢筋搭接或焊接,最终与主体结构连成整体(图 1-2-33、图 1-2-34)。

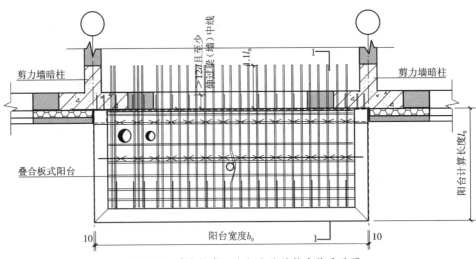

图 1-2-33　叠合板式阳台与主体结构安装平面图

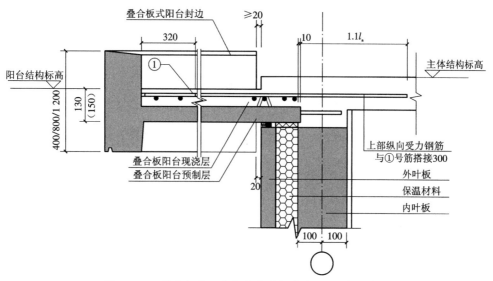

图 1-2-34 叠合板式阳台与主体结构连接 1—1 节点详图

3. 预制空调板

预制空调板（图 1-2-35）是指建筑物外立面悬挑出来放置空调室外机的平台。预制空调板通过预留负弯矩筋伸入主体结构后浇层，最终与主体结构浇筑成整体，见图 1-2-36。

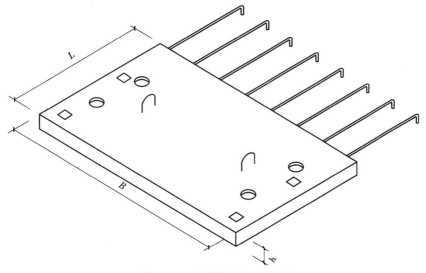

图 1-2-35 预制空调板示意图

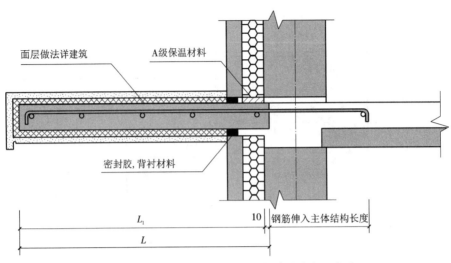

图 1-2-36 预制空调板与主体结构连接节点示意图

4. 预制内墙板

预制内墙板按成型方式分为挤压成型墙板和立模浇筑成型墙板两种。挤压成型墙板，也称预制条形墙板，是指将轻质材料料浆用挤压成型机通过模板成型的墙板。

预制内墙按照材料不同，可分为轻钢龙骨石膏板内墙、轻质混凝土空心墙、蒸压加气混凝土板隔墙、木龙骨石膏板隔墙等。

《建筑用轻质隔墙条板》(GB/T 23451—2009)、《建筑隔墙用轻质条板通用技术要求》(JG/T 169—2016)中定义，轻质条板(图 1-2-37)是采用轻质材料或轻型构造制作，用于非承重内隔墙的预制条板。轻质条板按断面构造分为空心条板、实心条板和复合条板；按板的构件类型分为普通板、门窗框板、异型板。

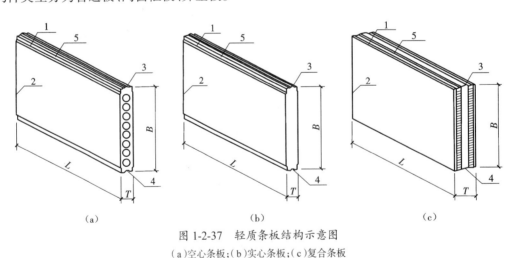

(a)   (b)   (c)

图 1-2-37 轻质条板结构示意图

(a)空心条板；(b)实心条板；(c)复合条板

1—板边；2—板端；3—榫头；4—榫槽；5—接缝槽

轻质混凝土空心墙板(图 1-2-38)在国内应用比较普通，具有安装方便、敷设管线方便、价格低等特点。

图 1-2-38 轻质混凝土空心墙板

习题及答案

一、填空题

1. 在装配式混凝土结构中,常用的预制构件主要包含( )、( )、叠合梁、预制柱、预制外挂墙板、预制楼梯、叠合阳台板、预制女儿墙等。

2. 预制剪力墙根据使用位置不同分为( )和( )。

3. 预制剪力墙外墙板由内叶板、外叶板与中间的保温层通过连接件浇筑而成,也称为预制混凝土( )(又称预制三明治外墙)。

4. 预制剪力墙内墙板布置在装配式混凝土建筑内部,起着( )、( )等作用。

5. 由于板与板之间含空腔,现场安装就位后再在空腔内浇筑混凝土,由此形成的预制和现浇混凝土整体受力的墙体俗称"( )"。

6. 叠合梁通常与( )配合使用,浇筑成整体楼盖。

7. 叠合梁按预制部分的截面形式可分为( )叠合梁和( )叠合梁。

8. 预制柱一般分为( )预制柱和( )预制柱两种。

9. 预制外挂墙板的适用范围主要为民用建筑,包括( )建筑和( )建筑。

10. 预制楼梯按结构形式可分为预制( )楼梯和预制( )楼梯。

二、简答题

1. 简述叠合楼板的特点。

2. 叠合梁一般分两步实现装配和完整度,是哪两步?

3. 预制外挂墙板有哪些特点?

4. 预制阳台板按照构件形式分为哪几种?

习题答案

项目 2　装配式混凝土预制构件的制作

知识目标

　　掌握预制构件的两种制作工艺方法;认识常见预制构件制作设备和工具的种类;了解预制构件生产前工作人员需要掌握的内容。

能力目标

　　具备辨别不同预制构件制作工艺流程的能力;对于不同种类的构件,掌握其制作工艺流程、方法;具有鉴别预制构件制作设备的能力,掌握其基本操作方法;对预制构件生产前的准备工作有基本的认识。

任务 2.1　预制构件制作工艺流程

　　生产预制构件的企业应有与装配式预制构件生产规模和生产特点相适应的场地、生产工艺及设备等资源，并优先采用先进、高效的技术与设备。设施与设备操作人员必须进行专业技术培训，熟悉所使用设备设施的性能、结构和技术规范，掌握其操作办法、安全技术规程和保养方法。

　　预制构件制作工厂一般分为固定工厂和移动工厂，固定工厂是在某一地点持续进行生产；移动工厂则根据需要在施工现场附近，采用大型机械设备把构件从生产地点或附近存放地直接吊装至建筑物指定位置。

　　不管采用何种方式，生产预制混凝土构件的工厂必须满足设计和施工的各种质量要求，并具有相应的生产和质量管理能力。在进行设施布置时，需要做到整体优化，充分利用场地和空间，减少场地内材料及构配件的搬运调配。

　　生产组织方式是指预制构件生产企业根据生产场地条件、生产构件类型以及生产规模等，选择合适的制作方法（或称为生产工艺）。

　　预制构件的生产工艺一般有固定台座法和自动化生产线两大类。

　　预制构件生产企业通常根据市场需求规模、产品类型，结合自身生产条件，选择一种或多种方法来组织生产。

2.1.1　固定台座法

　　固定台座法一般包括固定模台工艺、立模工艺和预应力工艺等。

1. 固定模台工艺

　　固定模台（图 2-1-1）是一块平整度较高的钢结构平台，作为 PC 构件的底模，在其上固定构件侧模，以组合成完整的模具，固定模台工艺也被称为平模工艺。固定模台的模具是固定不动的，作业人员和钢筋、混凝土等材料在各个模台间"流动"。绑扎或焊接好的钢筋用吊车送到各个固定模台处，混凝土用送料车或送料吊斗送到模台处，养护蒸汽管道也通到各个模台下，在计算机的控制下调控养护温度及其升降速率，PC 构件就地养护，达到强度后脱模，再用吊车送到存放区。

　　固定模台工艺是一种传统的制造预制构件的方法，它将模具布置在固定位置，工人或设备围绕工作台生产，适用于复杂构件的制作，其工艺流程见图 2-1-2。

图 2-1-1   固定模台

固定模台工艺是目前世界上 PC 构件制作领域应用最广的工艺,常见的预制构件都可以生产,例如预制柱、梁、楼板、墙板、楼梯、飘窗、阳台板、转角构件及后张法预应力构件等。它的最大优势是适用范围广、灵活方便、适应性强、启动资金少、加工工艺灵活,劣势是效率较低。日本、美国、澳大利亚的大多数 PC 工厂采用固定模台工艺。世界上最伟大的装配式建筑——悉尼歌剧院,最高的装配式建筑——日本大阪北滨大厦,都是用固定模台工艺生产的。世界上最著名的 PC 墙板企业(日本高桥)的所有工厂都采用固定模台工艺。

2. 立模工艺

立模工艺又称立模法,是指构件在板面竖立状态下成型密实,与板面接触的模板面相应也呈竖立状态放置的板型构件生产工艺。

成型模台在地面工位工作通道上,完成预设的各种功能成型工艺动作;之后进入地下养护通道,进行可控养护;按计划养护完成后,升至地面,提取合格部品后进行生产线再循环。

立模有独立立模和组合立模。一个立着浇筑柱子或侧立浇筑楼梯板的模具属于独立立模;成组浇筑的墙板模具属于组合立模。

立模通常成组使用,称为组合立模(图 2-1-3),可同时生产多块构件。每块立模均装有行走轮,能以上悬或下行方式水平移动,以满足拆模、清模、布筋、支模等工序的操作要求。

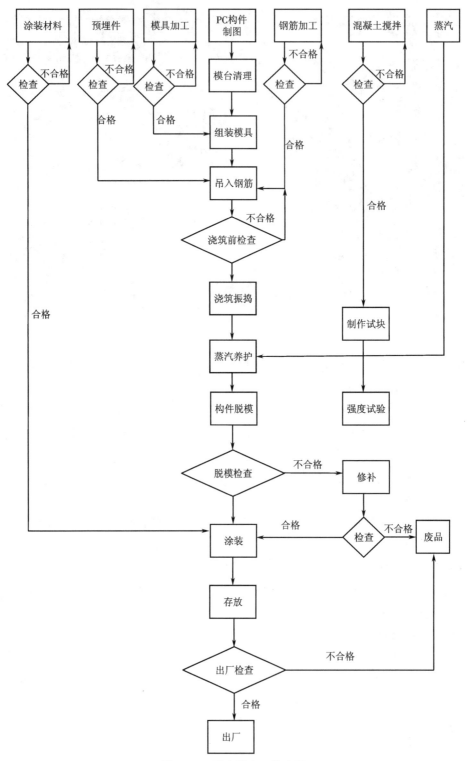

图 2-1-2 固定模台工艺流程

图 2-1-3　组合立模

与其他成型工艺相比,成组立模法生产技术的特点如下。

(1)成型精度高。相邻模板之间的空腔即成型板材的模腔,板材的两个表面均为模板面,控制好模板的刚度和成组立模的制造精度即可保证板的成型精度,板材尺寸的准确性受人为因素的影响小。

(2)对材料的适应性强。可采用多种无机胶凝材料与各种材料匹配,以生产具备不同性能、特点的板材。

(3)可生产多种结构形式的板材,如实心板、多孔板及各类夹心式复合板。

(4)工艺稳定性好。用料浆浇筑成型,在满足板材性能要求的前提下,料浆的流动度可在一定范围内调整;多块板材集中浇灌,便于生产操作和混合料运输的机械化。

(5)生产效率高。成型后的板材处在近乎封闭的条件下,可充分利用胶凝材料的水化热进行自身养护,或者采用电热模板对板材进行加热养护,以加快模型周转,提高生产效率。

(6)生产线占用土地少。生产规模相同时,成组立模占用的土地面积小。

立模工艺的特点是模板垂直使用并具有多种功能。模板基本上是一个箱体,箱体腔内可通入蒸汽,并装有振动设备,可分层振动成型。与平模工艺相比,立模工艺节约生产用地,生产效率相对较高,而且构件的两个表面同样平整,通常用于生产外形比较简单而又要求两面平整的构件,如内墙板、楼梯段等。

立模工艺适用于无装饰面层、无门窗洞口的墙板、清水混凝土柱子和楼梯(图 2-1-4)等的生产,其最大优势是节约用地。采用立模工艺制作的构件,立面没有抹压面,脱模后不需要翻转。立模不适合楼板、梁、夹心保温板、装饰一体化板的制作,也不适合侧边出筋复杂的剪力墙板的制作。柱子仅限于四面光洁的柱子。

图 2-1-4　带楼梯平台的立式楼梯模具

3. 预应力工艺

预应力工艺分为先张法工艺和后张法工艺,常见预应力工艺流程见图 2-1-5。先张法一般用于制作大跨度预应力混凝土楼板、预应力叠合楼板或预应力空心楼板。图 2-1-6 所示为预应力叠合板生产线。

先张法工艺是在固定的钢筋张拉台上制作构件,钢筋张拉台是一个长条平台,两端是钢筋张拉设备和固定端,钢筋张拉后在长条台上浇筑混凝土,养护达到要求强度后,拆卸边模和肋模,然后卸载,切割预应力楼板。

后张法工艺主要用于制作预应力梁或预应力叠合梁,其工艺方法与固定模台工艺接近,构件预留预应力钢筋(或钢绞线)孔,钢筋张拉在构件达到要求强度后进行。

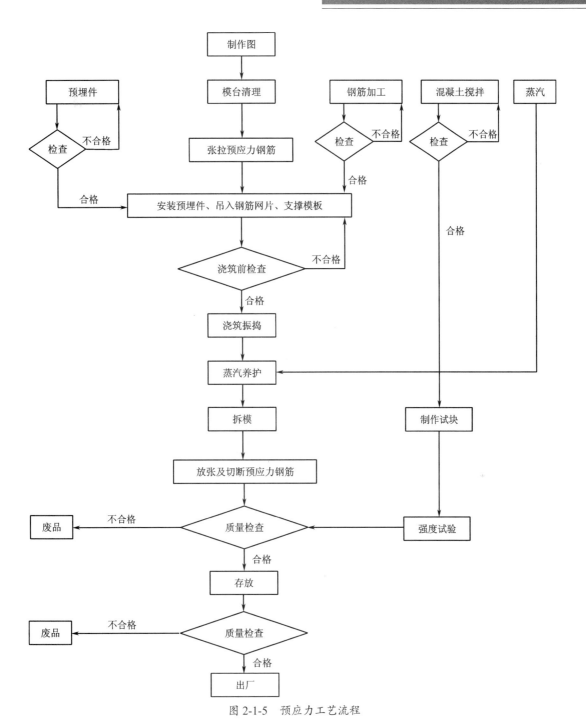

图 2-1-5 预应力工艺流程

图 2-1-6　预应力叠合板生产线

2.1.2　自动化生产线工艺

自动化生产线工艺是指在工业生产中,依靠各种机械设备并充分利用能源和通信方式完成工业化生产的方式,它能提高生产效率,减少生产人员数量,使工厂实现有序管理。预制构件自动化生产线是指按生产工艺流程分为若干工位的环形流水线,工艺设备和工人都固定在有关工位上,而制品和模具则按流水线节奏移动,使预制构件依靠专业自动化设备实现有序生产。 在大批量生产中,采用自动化生产线能提高劳动生产率,稳定和提高产品质量,改善劳动条件,缩减生产占地面积,降低生产成本,缩短生产周期,保持生产均衡性,有显著的经济效益。

自动化生产线采用高精度、高结构强度的成型模具,经自动布料系统把混凝土浇筑其中,在振动工位振捣后送入立体养护窑进行蒸汽养护。构件强度达到拆模强度时,从养护窑取出模台,进至脱模工位进行脱模处理。脱模后的构件经运输平台运至堆放场继续进行自然养护。空模台沿线自动返回,为下一道生产工序做准备。在模台返回输送线上设置了自动清理机、画线机、放置钢筋骨架或桁架筋安装、检测等工位,实现了自动化控制、循环流水作业。

自动化生产线工艺的优势在于效率高,生产工艺适应性可通过流水线布置进行调整,适用于大批量标准化构件的生产。

与传统混凝土加工工艺相比,自动化生产线具有工艺设备水平高、全程自动控制程度高、操作工人少、人为因素引起的误差小、加工效率高、后续扩展性强等优点。

自动化生产线的工作步骤:在生产线上,按工艺要求通过计算机的中央控制中心(图2-1-7),依次设置若干操作工位,托盘通过自身的行走轮或借助辊道的传送在生产线行走过程中完成各道工序,然后将已成型的构件连同底模托盘送进养护窑直至脱模,实现了设备全自动对接。中建科技有限公司采用的墙板生产线,具有广泛的适用范围,可根据项目要求生产出厚度≤ 400 mm 的多种尺寸、多种用途的新型墙板,见图 2-1-8。

图 2-1-7 中央控制中心

图 2-1-8 墙板自动化流水生产线

建筑形体、建筑结构体系和构件的生产成本是影响预制构件工艺选择的关键因素。品种单一的板式构件,不出筋且表面装饰不复杂,使用流水线才可以实现自动化和智能化,获得较高的效率。总体而言,生产流水线只有在构件标准化、规格化、专业化、单一化和数量大的情况下,才能实现自动化和智能化。根据生产对象的不同,自动化生产线分为两类:自动化流水生产线及固定生产线(表 2-1-1)。

表 2-1-1　两种生产线对比

自动化流水生产线	固定生产线
生产各种叠合板(叠合楼板、叠合双皮墙、叠合带保温层双皮墙)、外墙板(三明治外挂墙板、三明治剪力墙板)、内墙(内隔墙、剪力墙)等板类构件	传统预制构件多采用该形式,手工作业,可按照流水形式组织生产,主要生产梁、柱、屋顶板材、阳台、楼梯、看台、飘窗等异型构件

预制构件生产线有生产主线和生产辅助线两类。生产主线是指安装了主要生产设备,布置有生产线上的大部分工序,实现了生产线上的大部分工艺过程的生产线。

通常,全自动双面板生产线(图 2-1-9)由托盘流线、边模流线、钢筋流线、混凝土流线、信息控制流线以及计算机中央控制系统等组成。双面板的主要生产设备布置了托盘清洗、画线、置模、钢筋入模、预埋件安装、混凝土布料、密实抹平、混凝土养护、脱模起吊等大部分工序,从而实现了制作双面板的大部分工艺过程。

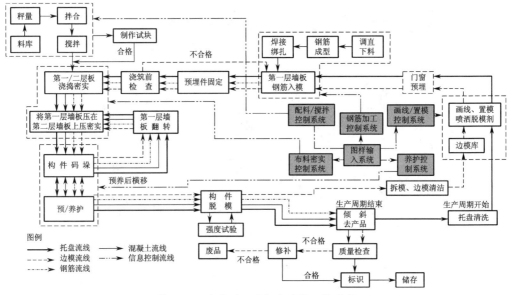

图 2-1-9　全自动双面板生产线工艺流程

混凝土流线包括原料储存、配料、搅拌、混凝土布料、密实抹平、混凝土养护、脱膜和混凝土构件运至仓库等工序路线。

信息控制流线是实现预制构件生产线各个工艺过程的中枢,包括配料 / 搅拌控制系统、布料密实控制系统、养护控制系统、画线 / 置模控制系统等。

内墙自动化生产线生产工艺流程

叠合板自动化生产线生产工艺流程

习题及答案

一、填空题

1. 预制构件制作工厂一般分为(　　　　)和(　　　　),(　　　　)是在某一地点持续进行生产;(　　　　)则根据需要在施工现场附近,采用大型机械设备把构件从生产地点或附近存放地直接吊装至建筑物指定位置。

2. 预制构件的生产工艺一般分为(　　　　)和(　　　　)两大类。

3. 固定台座法包括(　　　　)、(　　　　)和预应力工艺等。

二、简答题

1. 什么是固定模台工艺?

2. 流水线工艺的概念和特点是什么?

3. 简述自动化生产线的概念,其中混凝土流线包含哪些工序路线?

习题答案

任务 2.2　预制构件制作设备与工具

预制构件生产厂区内的主要设备按照使用功能可分为生产设备、运转设备、起重设备、钢筋加工生产线和模具等。

2.2.1　生产设备

预制构件的生产设备主要包括模台、模台辊道、模具清扫机、画线机、混凝土送料机、混凝土布料机、混凝土振实台、养护窑、拉毛机、脱模机等。

预制构件加工生产

1. 模台

模台用于混凝土预制构件的生产,需满足长期振捣不变形的要求,同时必须考虑刚性、强度要求,模台面板由整块钢板制成,无拼焊缺陷,见图 2-2-1。模台的尺寸及荷载由混凝土预制构件的尺寸、类型及设备设计理念决定。从启动到混凝土预制构件的起吊,模台在流水线上流转于不同的工作站,先后完成清扫、画线、预埋、喷油、配筋、浇筑、养护等。

目前,常见的模台有碳钢模台和不锈钢模台两种。模台通常采用 Q345 钢板整板铺面,台面钢板厚度为 10 mm。

模台尺寸一般为 9 000 mm × 4 000 mm × 310 mm。表面平整度的要求是在任意 3 000 mm 长度内不超过 ± 1.5 mm。模台承载力 P > 6.5 kN/m²。

2. 模台辊道

模台辊道(图 2-2-2)是实现模台沿生产线机械化行走的必要设备。模台辊道由两侧的辊轮组成。工作时,辊轮同向滚动,带动上面的模台向下一道工序的作业点移动。模台辊道应能合理控制模台的运行速度,并保证模台运行时不偏离、不颠簸。

图 2-2-1　模台

图 2-2-2　模台辊道

3. 模具清扫机

当预制混凝土构件生产线移动模台上的混凝土构件强度达到要求时，会使用吊车将混凝土构件移走，移动模台运行到下一个工位循环使用。再次投入生产前，需要对移动模台上的残余附着物进行清理。模具清扫机可将脱模后的空模台上附着的混凝土清理干净。清扫机通过滚轮（可通过升降来调整清扫滚轮在模台上的压力）对模台上残留的混凝土颗粒进行清扫,然后由可延时的吸尘器对粉尘进行吸收,在保证清扫效率的同时减少了模台上颗粒清扫带来的厂房扬尘。一个模台在完成前一轮生产之后,从清扫开始进入下一轮工作状态。

模具清扫机(图2-2-3)由清渣铲、横向刷辊、坚固的支撑架、吸尘器、清渣斗和电气系统等组成。模具清扫机能将附着、散落在模具上的混凝土渣清理干净,并收集到清渣斗内。清渣铲能将附着的混凝土铲下,横向刷辊可以清扫底模上的混凝土渣,模具通过后掉落在清渣斗内。吸尘器能将毛刷激起的扬尘吸入滤袋内,避免粉尘污染。其控制系统与喷涂脱模机装置一体化,减少了操作人员数量。

图 2-2-3　模具清扫机

4. 画线机

画线机(图2-2-4)由生产数据线直接输入信息,按要求自动在模台上画出点和线,采用水墨喷墨方式快速而准确地标出边模、预埋件等的位置,提高放置边模、预埋件的准确性和速度。画线机可通过控制系统进行图形输入,定位后自动按照已输入图形进行画线操作。

5. 混凝土送料机

混凝土送料机(图2-2-5)用于存放、输送搅拌站出来的混凝土,通过在特定的轨道上行走,将混凝土运送到布料机中。其作用是将搅拌好的混凝土材料输送给布料机。

目前生产企业普遍应用的混凝土输送设备可通过手动、遥控和自动三种方式接收指令,按照指令以指定的速度移动或停止输送混凝土物料。

图 2-2-4　数控画线机

图 2-2-5　混凝土送料机(河北雪龙机械)

6. 混凝土布料机

混凝土布料机(图 2-2-6)把混凝土浇筑到已装好边模的托盘内,然后根据制作预制构件强度等方面的需要,把混凝土均匀地浇洒在模板上边模构成的预制构件位置内。混凝土布料机的操作,可根据所需的自动化程度采用手动式或者自动化操作。

图 2-2-6　混凝土布料机

7. 混凝土振实台

混凝土振实台(图 2-2-7)用于振捣完成布料后的周转平台,从而将其中的混凝土振捣密实。其作用是对布料机摊铺在台车上模具内的混凝土进行振捣,充分保证混凝土内部结构密实,达到设计强度。

混凝土振实台由固定台座、振动台面、减振提升装置、锁紧机构、液压系统和电气控制系统组成。固定台座和振动台面各有三组,前后依次布置,固定台座与振动台面之间装有减振提升装置,减振提升装置由空气弹簧和限位装置组成。周转平台放置于振动台上,由振动台锁紧装置将周转平台与振动台锁紧为一体,布料机在模具内进行布料。布料完成后,振动台起升后再起振,将模具中的混凝土振捣密实。

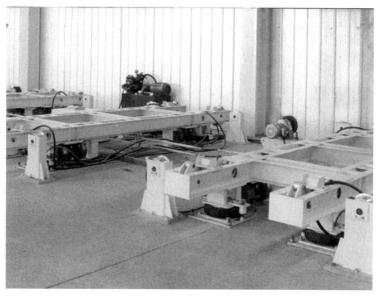

图 2-2-7　混凝土振实台

8. 养护窑

混凝土构件在养护窑中存放,经过静置、升温、恒温、降温等几个阶段,最终达到强度要求。

梁、柱等体积较大的预制构件宜采用自然养护方法,楼板、墙板等较薄的预制构件或冬期生产的预制构件,宜采用蒸汽养护方法。预制构件厂中常设置养护窑(图 2-2-8)。混凝土养护可采用覆盖浇水和塑料薄膜覆盖的自然养护、化学保护膜养护和蒸汽养护。养护窑用于 PC 板的静止养护,可以自动进板和出板,自动化程度很高,节省场地。养护窑围挡将养护窑保温板围住,确保 PC 件在一个密闭的空间内,并确保温度符合要求。

预制构件采用加热养护时,应制定相应的养护制度,预养时间宜为 1~3 h,升温速率应为 10~20 ℃/h,降温速率不应大于 10 ℃/h。梁、柱等较厚预制构件的养护温度为 40 ℃,楼板、墙板等较薄构件的养护最高温度为 60 ℃,持续养护时间应不小于 4 h。

图 2-2-8　养护窑

9. 拉毛机

拉毛机(图 2-2-9)用于对叠合板构件新浇筑混凝土的上表面进行拉毛处理,以保证叠合板和后浇筑的地板混凝土较好地结合起来。

图 2-2-9　拉毛机

10. 脱模机

脱模机是待预制构件达到脱模强度后将其吊离模台所用的机械。脱模机(图 2-2-10)应有框架式吊梁,起吊脱模时按照构件的设计吊点进行起吊,并保证各吊点垂直受力。模板固定于托板保护机构上,可将水平板翻转 85°~90°,便于制品竖直起吊。

图 2-2-10　脱膜机(河北雪龙机械)

构件进行蒸汽养护后,蒸养罩内外温差小于 20 ℃时方可进行脱模作业。构件脱模应严格按照顺序拆除模具,不得使用振动方式拆模。构件拆模时应仔细检查,确保构件与模具之间的连接部分完全拆除后方可吊;预制构件拆模起吊时,应根据设计要求或具体生产条件确定所需的混凝土标准立方体抗压强度,并应满足下列要求。

（1）脱模混凝土强度应不小于 15 MPa。

（2）外墙板、楼板等较薄的预制构件起吊时,混凝土强度应不小于 20 MPa。

（3）梁、柱等较厚的预制构件起吊时,混凝土强度应不小于 30 MPa。

（4）对于预应力预制构件及拆模后需要移动的预制构件,拆模时的混凝土立方体抗压强度应不小于混凝土设计强度的 75%。

构件脱模时,若不存在影响结构性能、钢筋、预埋件或者连接件锚固的局部破损和构件表面的非受力裂缝,可用修补浆料进行表面修补后使用。若构件脱模后,构件外装饰材料出现破损,应进行修补。

预制构件混凝土工艺流程

2.2.2　运转设备

预制构件的运转设备主要有立起机、堆码机、构件转运车等。

1. 立起机

立起机（图 2-2-11）用于将完成边模脱模工作的模台（含达到养护条件的 PC 构件）立起,配合行车将构件进行吊离、储存。立起机通过两个液压油缸进行支撑,保证双油缸精准同步,保证模台、PC 构件在立起过程中水平面的水平度,从而对模台、构件零损伤立起。

2. 堆码机

堆码机（图 2-2-12）又名码垛机,以低速运行,节省人力、物力、堆码时间,堆码站可与堆码升降台和塑料链传送系统联合使用,实现高质量堆码,堆码过程还可以延续到输送车上,塑料链传送系统可防止对堆码底层纸板的损害。

图 2-2-11　立起机(山东万斯达)

　　堆码机的工作过程:平板上符合栈板要求的一层工件,与平板一起向前移动直至栈板垂直面,上方挡料杆下降,另三方定位挡杆启动夹紧,此时平板复位。各工件下降到栈板平面,栈板平面与平板底面相距 10 mm,栈板下降一个工件高度。重复上述步骤直到栈板堆码达到设定要求。堆码机自动运行分为自动进箱、转箱、分排、成堆、移堆、提堆、进托、下堆、出垛等步骤。

图 2-2-12　堆码机

3. 构件转运车

构件转运车是构件由厂房转运至成品堆场的转运设备。通过使用构件转运车,可以使构件在运输过程中无意外损伤,保证构件质量。图 2-2-13 为山东万斯达研发的构件转运车,可采用电瓶供电,并配备有充电桩,设备运行过程中检测到电量较低时自动返回充电桩进行充电。

图 2-2-13 构件转运车(山东万斯达)

2.2.3 生产、起重设备

预制构件生产过程中需要起重设备、小型器具及其他设备,主要生产、起重设备如表 2-2-1 所示。

表 2-2-1 主要生产、起重设备

工作内容	器具、工具
起重	5~10 吨起重机、钢丝绳、吊索、吊装带、卡环、起驳器等
运输	构件运输车、平板转运车、叉车、装载机等
清理打磨	角磨机、刮刀、手提垃圾桶等
混凝土施工	插入式振捣器、平板振捣器、料斗、木抹、铁抹、刮板、拉毛笆子、喷壶、温度计等
模板安装拆卸	电焊机、空压机、电锤、电钻、扳手、橡胶锤、磁铁固定器、专业磁铁撬棍、线绳、墨斗、滑石笔、画粉等

2.2.4　钢筋加工生产线

钢筋加工生产线主要负责外墙板、内墙板、叠合板及异型构件生产线的钢筋加工制作，钢筋成品、半成品类型主要有箍筋、拉筋、钢筋网片和钢筋桁架等。钢筋生产线主要分为原材料堆放区、钢筋加工区、半成品堆放区、成品堆放区、钢筋绑扎区等，宜紧临构件生产线钢筋安装区布置。

预制构件厂配备的钢筋加工生产线较为简单，设备种类也有限。目前常用的加工设备有数控钢筋弯箍机、数控钢筋调直机、钢筋桁架焊接机、数控钢筋剪切生产线、数控钢筋弯曲中心、柔性焊网生产线等。下面简要介绍几种。

1. 数控钢筋弯箍机

随着工业的发展，对钢筋的需求逐渐增大，钢筋的形状越来越多样化，这给钢筋的加工带来了难题。数控钢筋弯箍机是一种改进的钢筋弯曲机。它由水平和垂直的可自动调节的两套矫直轮组成，结合四个牵引轮，由进口伺服电机驱动，确保钢筋的矫直达到最高的精度，是钢筋加工机械之一。数控钢筋弯箍机在建筑业中应用非常广泛，能实现高效率的生产。

置筋预埋

2. 数控钢筋调直机

数控钢筋调直机是自动地将圆形或带肋钢筋连续调直、定尺、切断、加工成直条的设备，适用于建筑工程常用钢筋直条的加工，适合调直、剪切热轧和各种材质的线材。它可根据屏幕输入的数据自动定尺，自动切出规定长度的钢筋。切断的钢筋能自动对齐，省时省力；有先进的储料设置，打包时无须停机；调直过程和输送机构采用数控系统控制，可无级调速；调直速度快，直度高，安全性高，见图 2-2-14。

图 2-2-14　数控钢筋调直机(天津建科机械)

智能钢筋调直切断机

3. 钢筋桁架焊接机

钢筋桁架焊接机实现了标准化、工厂化大规模生产,具有焊接质量稳定、钢筋分布均匀及产品尺寸精确等优势。采用钢筋桁架楼承板比其他压型钢板在综合造价上更具有优势。钢筋桁架焊接机是集盘条原料放线、钢筋矫直、弯曲成形、自动焊接、定尺切断及成品数控输送于一体的全自动化生产线(图 2-2-15),广泛用于楼房建筑的预制楼承板。

智能钢筋桁架焊接机

图 2-2-15　钢筋桁架焊接机（天津建科机械）

2.2.5　模具

模具是专门用来生产预制构件的各种模板系统,可采用固定生产场地的固定模具,也可采用移动模具。预制构件生产模具主要以钢模为主,面板主材为 Q235 钢板,支撑结构可选用型钢或者钢板,图 2-2-16 至图 2-2-18 所示分别为墙板模具、楼板模具和楼梯模具。对于形状复杂、数量少的构件,也可采用木模板或其他材料制作模具。

图 2-2-16　墙板模具

图 2-2-17　楼板模具

图 2-2-18　楼梯模具

　　预制构件生产过程中,模具设计的质量决定了构件的质量、生产效率以及企业的成本,应引起足够重视。模具设计时需要遵循质量可靠、方便操作、通用性强、方便运输等原则,同时应注意使用寿命。

　　模具应具有足够的承载能力、刚度和稳定性,保证构件生产时能可靠承受浇筑混凝土的重量、侧压力和工作荷载。模具应支拆方便,且应便于钢筋安装和混凝土浇筑、养护;模具的部件与部件之间应连接牢固;预制构件上的预埋件应有可靠的固定措施。

习题及答案

一、填空题

1. 梁、柱等体积较大的预制构件宜采用(　　　)方法,楼板、墙板等较薄的预制构件或冬期生产的预制构件,宜采用(　　　)方法。

2. (　　　)用于振捣完成布料后的周转平台,从而将其中的混凝土振捣密实。

3. (　　　)用于在底模上快速而准确地画出边模、预埋件等的位置。

4. (　　　)在流水线上流转于不同的工作站,先后完成清扫、(　　　)、预埋、喷油、(　　　)、浇筑、(　　　)等。

5. (　　　)用于存放、输送搅拌站出来的混凝土,通过在特定的轨道上行走,将混凝土运送到布料机中。其作用是将搅拌好的混凝土材料输送给(　　　)。

二、简答题

1. 预制构件的常见生产设备有哪些?

2. 预制构件制作中常见的起重工具有哪些?

3. 模具设计时需要遵循的原则是什么?

习题答案

任务 2.3　预制构件原材料的验收与保管

　　预制装配式混凝土构件的主要制作原料有钢材、混凝土等，其中水泥、细骨料、粗骨料、钢筋等原材料需要进场复检，经检验合格后方能验收、投入使用。

2.3.1　混凝土材料的验收与保管

2.3.1.1　水泥

1. 水泥的检验与验收

　　水泥进场要求提供商出具水泥出厂合格证和质保单，并对其品种、级别、包装或散装水泥仓号、出厂日期等进行检查，按批次对其强度（ISO 胶砂法）、安定性、凝结时间等性能指标进行复检。

　　根据《装配式混凝土建筑技术标准》（GB/T 51231—2016）（以下简称《装标》）第 9.2.6 条，水泥进场检验应符合以下规定。

　　（1）同一厂家、同一品种、同一代号、同一强度等级且连续进场的硅酸盐水泥、袋装水泥不超过 200 t 为一批，散装水泥不超过 500 t 为一批；按批抽取试样进行水泥强度、安定性和凝结时间检验，设计有其他要求时，尚应对相应的性能进行试验，检验结果应符合现行国家标准《通用硅酸盐水泥》（GB 175）的有关规定。

　　（2）同一厂家、同一强度等级、同白度且连续进场的白色硅酸盐水泥，不超过 50 t 为一批；按批抽取试样进行水泥强度、安定性和凝结时间检验，设计有其他要求时，尚应对相应的性能进行试验，检验结果应符合现行国家标准《白色硅酸盐水泥》（GB/T 2015）的有关规定。

　　（3）供货单位应提供水泥的产品合格证或质量检验报告。

2. 水泥的保管

　　（1）散装水泥应存放在水泥仓内，仓外要挂有标识，标明进库日期、品种、强度等级、生产厂家、存放数量和检验标识等。散装水泥及粉状掺合料的储存与运输分别见图 2-3-1 和图 2-3-2。

　　（2）袋装水泥要存放在库房里，应在离地约 30 cm 高度堆放，堆放高度一般不超过 10 袋；临时露天暂存水泥需用防雨篷布盖严，底板要垫高，并采取防潮措施。

　　（3）保管日期不能超过 90 d，存放超过 90 d 的水泥要重新检查外观，重新测定强度等指标，合格后方可按测定值调整配合比使用。

图 2-3-1　粉料的储存

图 2-3-2　散装水泥或粉状掺合料运输车

2.3.1.2　骨料

1. 砂石(骨料)进场验收

(1)对于批量进场骨料的首车应进行首检。

首先要核对运输单中标明的砂石级配、粒径、含泥量、颜色等是否与进货通知单相符,然后通知试验室对进场砂石进行取样、检验。

在首检过程中,如发现有材质问题,应及时向部门领导及总工汇报,必要时采取拒绝进货、暂停进货、隔离存放等措施。

砂子进场检验项目:筛分析、表观密度、吸水率、含水率、含泥量、泥块含量等。

石子进场检验项目:筛分析、表观密度、含泥量、石粉含量、压碎指标值、针片状颗粒含量等。

(2)正常进料时,要认真核对每一车砂石运输单中所标明的产地、级配、粒径、含泥量、颜色等是否与进货通知单相符,并目测是否合格。进场砂石(骨料)的目测检验见图 2-3-3。

目测中,如发现有材质问题,未卸车的拒绝卸车,已卸车的隔离存放,并汇报质检部相关人员。

(3)对符合上述要求的合格砂石,要求司机及装卸人员全部下车,进行过磅称检计量(图 2-3-4),扣除相应含水量,并在运输单上签证数量。

(4)过磅后,指挥车辆到堆料现场指定地点卸车,分别在砂石料堆两侧连续堆集,为铲车攒料创造条件。

(5)同一厂家(产地)且同一规格的骨料不超过 400 m³ 或 600 t 为一个检验批次,一般多以质量划分检验批次。

(6)供货单位应提供骨料的产品合格证或质量检验报告。

图 2-3-3　目测砂石质量

图 2-3-4　进场砂石过磅

2. 骨料的保管

（1）骨料存放要按品种、规格、产地分别堆放，每堆要挂有标识牌，标明规格、产地、存放数量和检验标识。

（2）骨料储存应采取防混料和防雨等措施。

（3）骨料存储应当有骨料仓或者专用的棚厦，不宜露天存放，防止对环境造成污染。

砂石露天堆场见图 2-3-5，砂石封闭式堆场见图 2-3-6。

图 2-3-5　砂石露天堆场

图 2-3-6　砂石封闭式堆场

2.3.1.3　矿物掺合料

1. 矿物掺合料的检验与验收

根据《装标》第 9.2.7 条，矿物掺合料进场检验应符合以下规定。

（1）同一厂家、同一品种、同一技术指标的矿物掺合料、粉煤灰和粒化高炉矿渣粉不超过 200 t 为一批，硅灰不超过 30 t 为一批。

（2）矿物掺合料进场时，供货单位应提供质量检验报告或产品出厂合格证。

（3）按批抽取试样进行细度（比表面积）、需水量比（流动度比）和烧失量（活性指数）试验；设计有其他要求时，尚应对相应的性能进行试验，检验结果应分别符合现行国家标准《用于水泥和混凝土中的粉煤灰》（GB/T 1596）、《用于水泥和混凝土中的粒化高炉矿渣粉》（GB/T 18046）和《砂浆和混凝土用硅灰》（GB/T 27690）的有关规定。

（4）粉料车进场后由收料员负责监督司机从灌装运输车中取样并检测,检测结果及时记录到验收单上。

（5）检测合格后方可安排卸料,卸料过程中可随时抽样检测,抽检不合格,立即停止卸料,留好试样,做好记录,并通知领导及采购办。

（6）合格料卸车完毕后,由收料员开具验收单,准予进场,并填写粉料验收台账,输入检测结果。

2. 矿物掺合料的保管

（1）袋装矿物掺合料要存放在库房内并苫盖,注意防潮防水;散装矿物掺合料应存放在立库内。

（2）库位或立库应设有明显的标识牌,标明进场时间、品种、型号、厂家、存放数量、检验标识等。

（3）矿物掺合料入库后应及时使用,一般存放期不宜超过 3 个月,袋装矿物掺合料应在存放期内定期翻动,以免干结硬化。

2.3.1.4 减水剂

1. 减水剂的检验与验收

根据《装标》第 9.2.8 条,减水剂进场检验与验收应符合以下规定。

（1）同一厂家、同一品种的减水剂,掺量大于 1%（含 1%）的产品不超过 100 t 为一批,产量小于 1% 的产品不超过 50 t 为一批。

（2）按批抽取试样进行减水率、1 d 抗压强度比、固体含量、含水率、pH 值和密度试验。

（3）检验结果应符合现行国家标准《混凝土外加剂》（GB 8076）、《混凝土外加剂应用技术规范》（GB 50119）和《聚羧酸系高性能减水剂》（JG/T 223）的有关规定。

（4）减水剂进场时应对生产厂家、品种、生产日期、质量检验报告或产品合格证等进行核验,核对无误后方可称重入库。

检测合格的减水剂方可打入罐内,打料时试验员监督检查,禁止打错罐,防止撒漏。

检测不合格,应按照验收规定进行扣吨或拒收,并做好记录。

每次检测后,必须留样,贴好标签,以备复查。

2. 减水剂的保管

（1）水剂型减水剂宜在塑料容器内存放（图 2-3-7）,粉剂型减水剂易存放在室内（图 2-3-8）,并注意防潮。

（2）减水剂要按品种、型号、产地分别存放,存放在室外时应加以遮盖,避免日晒雨淋。

（3）大多数水剂型减水剂有防冻要求,冬季必须在 5 ℃以上环境中存放。

（4）减水剂存放要挂有标识牌,标明名称、型号、产地、数量、进场日期、检验标识等信息。

图 2-3-7　水剂型减水剂储存

图 2-3-8　粉剂型减水剂储存

2.3.1.5　水

混凝土拌合用水，按水源可分为饮用水、中水、地表水、地下水、海水以及经过处理并检验合格的工业废水。

根据《装标》第 9.2.11 条，混凝土拌制及养护用水应符合现行行业标准《混凝土用水标准》（JGJ 63）的有关规定，并应符合下列规定。

（1）饮用水可拌制各种混凝土，采用饮用水时可不检验。

（2）采用中水时应对其成分进行检验，同一水源每年至少检验一次。

（3）地表水和地下水首次使用前应进行检测。

（4）海水可用于拌制混凝土，但不得用于拌制钢筋混凝土和预应力混凝土，有饰面要求的混凝土也不得用海水拌制。

（5）工业废水需经过处理并检验合格方可用于拌制混凝土。

2.3.2　灌浆套筒与预埋件的验收与保管

2.3.2.1　灌浆套筒的验收与保管

装配整体式混凝土结构的预制构件主要采用钢筋套筒灌浆连接和浆锚连接两种方法。

进场灌浆套筒应标明产品名称、执行标准、灌浆套筒型号、数量、重量、生产批号、生产日期、企业名称、通信地址和联系电话等。

钢筋套筒灌浆连接在预制桩中的应用见图 2-3-9，全灌浆套筒连接剖面结构见图 2-3-10。

1. 灌浆套筒的验收

（1）型式检验报告验收：工程中应用套筒灌浆连接时，应由接头提供单位提交所有规格接头的有效型式检验报告。验收时应核查：工程中应用的各种钢筋强度级别、直径对应的型式检验报告应齐全，报告应合格有效；型式检验报告送检单位与现场接头提供单位应一致；型式检验报告中的接头类型，灌浆套筒规格、级别、尺寸，灌浆料型号与现场使用的产品应一致；型式检验报告应在 4 年有效期内，可按灌浆套筒进厂（场）验收日期确定等。

（2）灌浆套筒外观质量的验收:灌浆套筒进厂（场）时,应抽取灌浆套筒检验外观质量、标识和尺寸偏差,检验结果应符合现行行业标准《钢筋连接用灌浆套筒》（JG/T 398）第 5.4 条及《钢筋套筒灌浆连接应用技术规程》（JGJ 355）第 3.1.2 条的有关规定。

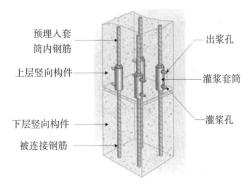

图 2-3-9　预制桩钢筋套筒灌浆连接

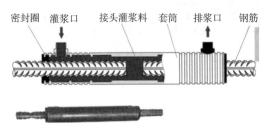

图 2-3-10　全灌浆套筒连接

铸造灌浆套筒内外表面不应有影响使用性能的夹渣、冷隔、砂眼、缩孔、裂纹等质量缺陷;机械加工灌浆套筒表面不应有裂纹或影响接头性能的其他缺陷,端面和外表面的边角处应无尖棱、毛刺;灌浆套筒外表面标识应清晰,表面不应有锈皮。

（3）检查数量:同一批号、同一类型、同一规格的灌浆套筒,不超过 1 000 个为一批,每批随机抽取 10 个灌浆套筒进行检验。

（4）检验方法:观察,尺量检查。

2. 灌浆料的验收

灌浆料进场时,应对灌浆料拌合物 30 min 流动度、泌水率及 3 d 抗压强度、28 d 抗压强度、3 h 竖向膨胀率、24 h 与 3 h 竖向膨胀率差值进行检验,检验结果应符合现行标准《钢筋套筒灌浆连接应用技术规程》（JGJ 355）第 3.1.3 条的有关规定。

检查数量:同一成分、同一批号的灌浆料,不超过 50 t 为一批,每批按现行行业标准《钢筋连接用套筒灌浆料》（JG/T 408）的有关规定随机抽取灌浆料制作试件。

检验方法:检查质量证明文件和抽样检验报告。

3. 灌浆套筒连接检验项目

当需要确定接头性能,灌浆套筒材料供应结构改动,灌浆料型号成分改动,钢筋强度等级、肋形发生变化以及型式检验报告超过 4 年时需进行接头型式检验。

用于型式检验的钢筋、灌浆套筒、灌浆料应符合国家现行标准《钢筋混凝土用钢 第 2 部分:热轧带肋钢筋》（GB/T 1499.2）、《钢筋混凝土用余热处理钢筋》（GB 13014）、《钢筋连接用灌浆套筒》（JG/T 398）、《钢筋连接用套筒灌浆料》（JG/T 408）的规定。

（1）每种套筒灌浆连接接头型式检验的试件数量与检验项目应符合下列规定。

对中接头试件,应为 9 个,其中 3 个做单向拉伸试验,3 个做高应力反复拉压试验,3 个做大变形反复拉压试验;偏置接头试件应为 3 个,做单向拉伸试验;钢筋试件应为 3 个,做单向拉伸试验;全部试件的钢筋均应在同一炉号的 1 根或 2 根钢筋上截取。

（2）用于型式检验的套筒灌浆连接接头试件,应在检验单位监督下,由送检单位制作并应符合下列规定。

3 个偏置接头试件应保证一端钢筋插入灌浆套筒中心,一端钢筋偏置后,钢筋横肋与套筒壁接触;9 个对中接头试件的钢筋均应插入灌浆套筒筒中心;所有接头试件的钢筋应与灌浆套筒轴线重合或平行,钢筋在灌浆套筒中的插入深度应为灌浆套筒的设计锚固深度。

接头试件应按《钢筋套筒灌浆连接用技术规程》第 6.3.8 条、第 6.3.9 条的有关规定进行灌浆,对于半灌浆套筒连接机械连接端的加工,应符合现行行业标准《钢筋机械连接技术规程》(JGJ 107)的有关规定。

采用灌浆料拌合物制作的试件(40 mm × 40 mm × 160 mm)不应少于 1 组,并宜留设不少于 2 组;接头试件及灌浆料试件应在标准养护条件下养护;接头试件在试验前不应进行预拉。

（3）型式检验试验时,灌浆料抗压强度不应小于 80 N/mm²,且不应大于 95 N/mm²;当灌浆料 28 d 抗压强度合格指标(f_g)高于 85 N/mm² 时,试验时的灌浆料抗压强度低于 28 d 抗压强度合格指标的数值不应大于 5 N/mm²,且超过 28 d 抗压强度合格指标的数值不应大于 10 N/mm² 与 $0.1f_g$ 二者中的较大值;当灌浆料抗压强度低于 28 d 抗压强度合格指标时,应增加检验灌浆料 28 d 抗压强度。

（4）型式检验的试验方法应符合现行行业标准《钢筋机械连接技术规程》的有关规定,并应符合下列规定:接头试件的加载力应符合《钢筋套筒灌浆连接用技术规程》第 3.2.5 条的规定;偏置单向拉伸接头试件的抗拉强度试验,应采用零到破坏的一次加载制度;大变形反复拉压试验的前后反复 4 次变形加载值分别应取 $2\varepsilon_{yk}$ 和 $5\varepsilon_{yk}$,其中 ε_{yk} 是应力为屈服强度标准值时的钢筋应变。

（5）当型式检验的浆料抗压强度符合《钢筋套筒灌浆连接用技术规程》第 5.0.5 条的规定,且型式检验试验结果符合下列规定时可评为合格。

强度检验:每个接头试件的抗拉强度实测值均应符合《钢筋套筒灌浆连接用技术规程》第 3.2.2 条的强度要求,3 个对中单向拉伸试件、3 个偏置单向拉伸试件的屈服强度实测值均应符合《钢筋套筒灌浆连接用技术规程》第 3.2.3 条的强度要求。

变形检验:残余变形和最大力下总伸长率相应项目的 3 个试件实测值的平均值应符合《钢筋套筒灌浆连接用技术规程》第 3.2.6 条的规定。

钢筋套筒检测项目、参数及设备见表 2-3-1。

4. 灌浆套筒的保管

灌浆套筒在运输过程中应有防水、防雨措施,应储存在防水、防雨、防潮的环境中,并按规格型号分别码放。

表 2-3-1 钢筋套筒检测项目、参数及设备

检测项目	检测参数		设备名称及规格型号
灌浆套筒	尺寸偏差 /mm	外径允许偏差	通用设备:钢直尺 专用设备:游标卡尺或专用量具,卡尺的精度不低于 0.02 mm;螺纹塞规,光规;内卡规(带表),卡规的精度不低于 0.2 mm
		壁厚允许偏差	
		长度允许偏差	
		直螺纹精度	
	锚固段环形凸起部分的内径允许偏差 /mm		
	灌浆段最小内径偏差 /mm		
	剪力槽数 / 个	全灌浆	
		半灌浆	
灌浆套筒连接接头	对中单向拉伸	抗拉强度 /MPa	通用设备:钢直尺 专用设备:1 000 kN、600 kN 拉力试验机(精度为 1%),残余变形引伸计(精度 0.01 mm),游标卡尺(精度 1%)等
		屈服强度 /MPa	
		最大力下总伸长率 /%	
	残余变形	高应力反复拉压 /mm	
		大变形反复拉压 /mm	
锚固板	抗拉强度 /MPa		锚固板拉伸专用夹具,游标卡尺(精度 1%)等
灌浆料	钢筋套筒连接用	流动度 /mm	初始值	通用设备:钢直尺、吸管(0.01 g)、天平、水泥胶砂搅拌机、水泥凝结时间测定用截锥试模、玻璃板(500 mm × 500 mm)、试模(40 mm × 40 mm × 160 mm) 专用设备:300 kN 压力试验机(精度 1%)、竖向膨胀测量仪表组件(百分表精度不低于 0.01 mm,磁力式百分表架和 250 mm × 250 mm × 15 mm 钢垫板)、立方体钢底试模(100 mm × 100 mm × 100 mm)、氯离子含量测定仪
			30 min 保留值	
		抗压强度 /MPa	1 d	
			3 d	
			28 d	
		竖向膨胀率 /%	3 h	
			24 h 与 3 h 的膨胀率之差	
		氯离子含量 /%		
		泌水率 /%		
	钢筋浆锚连接用	流动度 /mm	初始值	
			30 min 保留值	
		抗压强度 /MPa	1 d	
			3 d	
			28 d	
		竖向膨胀率 /%	3 h	
			24 h 与 3 h 的膨胀率之差	
		泌水率 /%		
剪力墙底部连接缝坐浆	抗压强度 /MPa		边长 70.7 mm 的立方试模,压力试验机(精度 1%,量程应能使试件的预期破坏荷载值在全量程的 20%~80%)

2.3.2.2　预埋件的验收和保管

预埋件（预制埋件）就是预先安装（埋藏）在隐蔽工程内的构件，是在结构浇筑时安置的构配件，用于砌筑上部结构时搭接，以利于外部工程设备基础的安装固定。预埋件大多由金属材料制造，例如钢筋或者铸铁，也可用木头、塑料等非金属刚性材料。

1. 预埋件的种类

1）预埋件

预埋件是在结构中留设的由钢板和锚固筋组成的构件，用来连接结构构件或非结构构件，比如做后工序固定（如门、窗、幕墙、水管、煤气管等）用的连接件。预埋件的具体应用示例分别见图 2-3-11 和图 2-3-12。

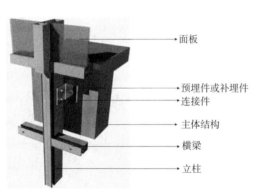

图 2-3-11　预埋件应用 1

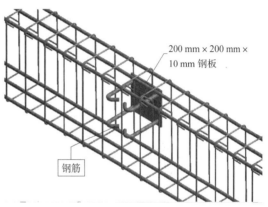

图 2-3-12　预埋件应用 2

2）预埋管

预埋管是在结构中预先留设的管（常见的有钢管、铸铁管或 PVC 管），主要用来穿管线（强弱电、给排水、煤气等管线）或为其他设备服务。

3）预埋螺栓

预埋螺栓是在结构中，一次把螺栓预埋在结构里，上部留出的螺栓丝扣用来固定构件，起到连接固定的作用。常见的预埋件见图 2-3-13 和图 2-3-14。

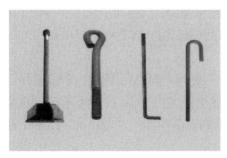

图 2-3-13　地脚螺栓

图 2-3-14　高铁用 U 形螺栓铆接哈芬槽预埋件

2. 预埋件的验收

（1）预埋件的材料、品种、规格型号应符合现行国家相关标准的规定和设计要求。

（2）预埋件应按照预制构件制作图进行制作，并准确定位，满足设计及施工要求。

（3）预埋件加工及安装固定允许偏差应满足表 2-3-2 的规定。

表 2-3-2　预埋件加工及安装固定允许偏差　　　　　　　　　　　　　　mm

序号	检测项目与内容		允许偏差	检验方法
1	规格尺寸		0，−5	
2	表面平整度		2	
3	预埋板	中心位置偏移	5	
		与混凝土平面的高差	0，−5	
4	预埋螺栓螺母	中心位置偏移	2	用尺量
		外露长度	+10，−5	
5	预留孔洞	中心位置偏移	5	
		垂直度	1/3	
		尺寸	±3	
6	预埋套筒	中心位置偏移	2	

3. 预埋件的保管

预埋件应按照材料、品种、规格分类存放并标识。

预埋件应进行防腐、防锈处理，并应满足现行国家标准《工业建筑防腐蚀设计标准》（GB/T 50046）和《涂覆涂料前钢材表面处理 表面清洁度的目视评定》（GB/T 8923.1~GB/T 8923.4）的有关规定。

2.3.3　钢材的验收与保管

2.3.3.1　钢材的验收

混凝土结构用钢材主要是指钢筋，即钢筋混凝土或预应力钢筋混凝土中的钢筋，其截面为圆形，有时为带有圆角的方形，包括光圆钢筋、带肋钢筋和扭转钢筋。

1. 光圆钢筋

光圆钢筋是经热轧成型并自然冷却的成品钢筋，表面光圆，是由低碳钢和普通合金钢在高温状态下轧制而成的，强度较低，但塑性及焊接性较好，便于冷加工，主要用于钢筋混凝土和预应力混凝土结构，是土木工程中使用量最大的钢材品种之一。直径 6.5~12 mm 的光圆钢筋，大多数卷成盘条（图 2-3-15）；直径 12~40 mm 的，一般是 6~12 m 长的直条（图 2-3-16）。

2. 带肋钢筋

螺纹钢是热轧带肋钢筋（Hotrolled Ribbed Steel Bar）的俗称。热轧带肋钢筋的牌号由 HRB 和牌号的屈服点最小值构成。H、R、B 分别为热轧（Hotrolled）、带肋（Ribbed）、条状物（Bar）三个词的英文单词首字母。热轧带肋钢筋分为 HRB335（Ⅱ级）、HRB400（Ⅲ级）、HRB500（Ⅳ级）、HRB600 四个牌号。

带肋钢筋是由低合金钢轧制而成的，外形有螺旋形、人字形和月牙形三种，一般Ⅱ、Ⅲ级钢筋轧制成人字形，Ⅳ级钢筋轧制成螺旋形及月牙形。图 2-3-17、图 2-3-18 所示分别为带肋钢筋盘条、带肋钢筋直条。

带肋钢筋广泛用于房屋、桥梁、道路等土建工程中。

钢筋具有较好的抗拉、抗压强度，与混凝土具有很好的握裹力，是一种耐久性、防火性很好的结构受力材料。

图 2-3-15　光圆钢筋盘条

图 2-3-16　光圆钢筋直条

图 2-3-17　带肋钢筋盘条

图 2-3-18　带肋钢筋直条

3. 钢筋的验收

装配式混凝土预制构件中，钢筋的各项力学性能指标均应符合现行国家标准《混凝土结构设计规范》的规定。其中采用套筒灌浆连接和浆锚搭接连接的钢筋，应采用热轧带肋钢筋，其屈服强度标准值不应大于 500 MPa。

预制混凝土构件用钢筋应符合现行国家标准《钢筋混凝土用钢　第 1 部分：热轧光圆钢

筋》(GB/T 1499.1)、《钢筋混凝土用钢 第 2 部分:热轧带肋钢筋》(GB/T 1499.2)和《钢筋混凝土用钢筋 第 3 部分:钢筋焊接网》(GB/T 1499.3)等的有关规定,并应符合以下要求(表 2-3-3 和表 2-3-4)。

1)验收内容

核对实际到货材料与采购合同(采购单)、供货清单的品名、规格、材质、数量是否相符。

2)数量验收

检尺:测量长度、直径;计量工具:游标卡尺、米尺;定尺长度偏差≤50 mm。

表 2-3-3　光圆钢筋验收指标

序号	公称直径 /mm	公称截面面积 /mm²	公称重量 /(kg/m)	不圆度	直径偏差 /mm	实际重量与公称重量偏差 /%
1	8	50.27	0.395	≤0.4	±0.4	±7
2	10	78.54	0.617	≤0.4	±0.4	±7
3	12	113.1	0.888	≤0.4	±0.4	±7
4	14	153.9	1.21	≤0.4	±0.4	±5
5	16	201.1	1.58	≤0.4	±0.4	±5
6	18	254.5	2.00	≤0.4	±0.4	±5
7	20	314.2	2.47	≤0.4	±0.4	±5

注:业内惯用"重量"一词,本书沿用。

表 2-3-4　带肋钢筋验收指标

序号	公称直径 /mm	公称截面面积 /mm²	公称重量 /(kg/m)	实际重量与公称重量偏差 /%	月牙肋钢筋公称尺寸允许偏差(内径)/mm	横肋高 /mm
1	8	50.27	0.395	±7	7.7±0.4	$0.8\pm0.4_{0.2}$
2	10	78.54	0.617	±7	9.6±0.4	$1.0\pm0.4_{0.2}$
3	12	113.1	0.888	±7	11.5±0.4	1.2±0.4
4	14	153.9	1.21	±5	13.4±0.4	1.4±0.4
5	16	201.1	1.58	±5	15.4±0.4	1.5±0.4
6	18	254.5	2.00	±5	17.3±0.4	$1.6\pm0.2_{0.4}$
7	20	314.2	2.47	±5	19.3±0.5	1.7±0.5
8	22	280.1	2.98	±4	21.3±0.5	1.9±0.6
9	25	490.9	3.85	±4	24.2±0.5	2.1±0.6
10	28	615.8	4.83	±4	27.2±0.6	2.2±0.4
11	32	804.2	6.31	±4	31.0±0.6	$2.4\pm0.2_{0.7}$
12	36	1 018	7.99	±4	35.0±0.6	$2.6\pm1.0_{0.2}$

3）重量验收

过磅：重车与轻车重量之差，以吨计。

4）外观质量验收

光圆钢筋表面应带热轧后光泽，应无明显浮锈，表面光滑；弯曲度≤4 mm/m，总弯曲度不大于总长度的 0.4%；表面不得有裂纹、折叠、结疤；表面凹凸不大于所在部位尺寸的允许偏差。

带肋钢筋表面应带热轧后光泽，应在其表面轧级别标识、厂名或商标、规格；弯曲度≤4 mm/m，总弯曲度不大于总长度的 0.4%；表面不得有裂纹、折叠、结疤；表面允许有凸块，不得超过横肋高度；其他缺陷不得大于尺寸的允许偏差；允许端头有少量浮锈。

5）内在质量验收

当发现钢筋脆断、焊接性能不良或力学性能显著不正常等现象时，应对该批钢筋进行化学成分检验或其他专项检验。

钢筋进场时，应按现行国家标准的规定抽取试件进行力学性能检验，其质量必须符合有关标准的规定。

对有抗震设防要求的框架结构，其纵向受力钢筋的强度应满足设计要求。当设计无具体要求时，对一、二级抗震等级，检验所得的强度实测值应符合下列规定：钢筋的抗拉强度实测值与屈服强度实测值的比值不应小于 1.25；钢筋的屈服强度实测值与强度标准值的比值不应大于 1.3。

6）质量证明文件要求

钢厂原件或复印件加盖供货单位红章，标明日期、送货人。证明文件上的记录应与实物相符并清晰可识别。

7）复检

盘条：按批次取样，每批 3 组，每个试样长度≥350 mm；每一批号（不大于 60 t），做拉伸试验 1 组，做冷弯试验 2 组。

光圆钢筋和带肋钢筋：按批次取样，每批 4 组，每个试样长度≥350 mm；每一批号（不大于 60 t），做拉伸试验 2 组，做冷弯试验 2 组。

合金制作的建筑钢材需逐件做光谱复检。

2.3.2.2　钢材的保管

钢筋进场应按批次的级别、品种、直径和外形分类码放，并注明产地、规格、品种和质量检验状态等。

（1）与地面的距离 200 mm；支撑间隙 1.5 m。严禁与水长时间接触。

（2）做好品名、规格、材质、状态标识。

（3）长期存放应遮苫，定期除锈。

（4）坚持"先进先出"的原则。

2.3.4　拉结件的验收与保管

外墙保温拉结件是用于连接预制保温墙体内外层混凝土墙板、传递墙板剪力,以使内外层墙板形成整体的连接器。

目前,在预制夹心保温墙体中使用的拉结件主要有玻璃纤维拉结件、玄武岩纤维钢筋拉结件、不锈钢拉结件。拉结件宜选用纤维增强复合材料或不锈钢薄钢板。

拉结件的防腐性、耐久性、防火性及质量,直接影响夹心保温板的内叶板与外叶板连接的可靠性,因此,对拉结件应进行严格的检验与验收。

1.拉结件的验收

根据《装标》第 9.2.16 条,拉结件进场检验应符合以下规定。

(1)同一厂家、同一类别、同一规格的产品不超过 10 000 件为一批。

(2)按批抽取试样进行外观尺寸、材料性能、力学性能检验,检验结果应符合设计要求。

(3)拉结件厂家要提供产品合格证和相关的试验检测报告。

2.拉结件的保管

(1)按类别、规格、型号分别存放,存放在干燥通风的场所且要有标识。

(2)存放时要有防变形、防金属拉结件锈蚀等措施。

2.3.5　埋设材料的验收与保管

1.门窗的验收与保管

1)门窗的验收

(1)根据设计图样要求进行门窗的采购,门窗材质、外观质量、尺寸偏差、力学性能、物理性能等应符合现行相关标准。

(2)预埋门窗进场时要有产品合格证、使用说明书和出厂检验报告等相关质量证明文件,品种、规格性能、型材壁厚、连接方式等应满足设计要求和现行相关标准的要求。

(3)门窗进场时,保管员与质检员需逐套对其材质、数量、尺寸进行检查。

(4)每一樘门窗都要有单独的包装和防护,并且有标识。

2)门窗的保管

(1)门窗应放置在清洁平整的地方,且应避免日晒雨淋,不要直接接触地面,下部应放置垫木且均应立放,与地面夹角不应小于 70°,要有防倾倒措施。

(2)门窗不得与有腐蚀性的物质接触。

(3)当门窗框直接安装在预制构件中时,应在模具上设置弹性限位件进行固定,门窗框应采取包裹或者覆盖等保护措施,生产和吊装运输过程中,不得污染、划伤和损坏。

(4)防水密封胶条应有产品合格证和出厂检验报告,质量和耐久性应满足现行相关标准要求,制作时防水密封胶条不应在构造转角处搭接节点,防水的检查措施应到位。

2. 防雷引下线的验收与保管

防雷引下线通常用 25 mm × 4 mm 的镀锌扁钢、圆钢或镀锌钢纹线等制成,日本一般采用直径 10~15 mm 的铜线,防雷引下线应满足《建筑物防雷设计规范》(GB 50057—2010)中的要求。

1)防雷引下线的检验与验收

(1)材质要符合设计要求。

(2)材料进场要有材质检验报告。

(3)外层有防锈镀锌要求的,确保镀锌层符合现行规范要求。

(4)进场的防雷引下线要有合格证、检验报告等质量证明文件。

2)防雷引下线的保管

(1)防雷引下线要存放在通风干燥的仓库中。

(2)存放时要有明显的标识。

(3)存放时应架高,不得落地堆放,不得与其他金属物堆放在一起。

(4)不得与酸、碱、油等具有腐蚀性的物质接触。

3. 水电管线的验收与保管

当预制构件需要埋设水电管线时,对进场水电管线材料的验收、检验和保管应符合以下要求。

1)水电管线的检验与验收

(1)预埋管线的材料、品种、规格、型号应符合国家相关标准的规定和设计要求。

(2)对水电管线的外观质量、材质、尺寸、壁厚等指标进行检验。

(3)有特殊工艺要求的水电管线要符合工艺设计要求。

(4)水电管线要符合设计图样的要求。

(5)进场的水电管线要有合格证、检验报告等质量证明文件。

2)水电管线的保管

(1)水电管线储存、保管时要通风、干燥、防火、防暴晒。

(2)水电管线要有标识,按规格、型号、尺寸分类存放。

2.3.6　保温材料验收与保管

保温材料是指对热流具有显著阻抗性、导热系数小、有孔的功能性材料,它能形成封闭的憎水性微孔隙空腔结构,这是保温材料的重要指标,也是研究保温材料热传力性能的关键。由于孔隙比表面积大,则吸附能力强,而水的导热系数比空气大 24 倍,故常用保温材料为憎水性材料。

保温材料依据材料性质大体分为有机保温材料、无机保温材料和复合保温材料。不同保温材料性能各异,材料导热系数的大小是衡量保温材料性能的重要指标。

常用的保温材料有聚苯板(图 2-3-19)、挤塑聚苯板、石墨聚苯板、真金板、泡沫混凝土板(图 2-3-20)、泡沫玻璃保温板、发泡聚氨酯板和真空绝热板等。

图 2-3-19　聚苯板

墙体
聚合物黏结砂浆
膨胀聚苯板
机械锚固件
聚合物抹面砂浆
镀锌钢丝网
聚合物抹面砂浆
专用瓷砖黏结剂
个性化装饰瓷砖
瓷砖勾缝剂

图 2-3-20　泡沫混凝土板

1. 保温材料的检验与验收

根据《装标》第 9.2.14 条,保温材料进场检验应符合以下规定。

(1)同一厂家、同一类别、同一规格的保温材料不超过 5 000 m³ 为一批。

(2)按被抽取试样进行导热系数、密度、压缩强度、吸水率和燃烧性能试验。

(3)检验结果应符合设计要求和现行国家相关标准的有关规定,如《建筑用绝热材料性能选定指南》(GB/T 17369)。

(4)保温材料按体积验收数量,计量单位为 m³,由仓库保管员进行清点核算,生产厂家要提供产品数量、型号、生产日期等。

(5)进场的保温材料要有合格证、检验报告等质量证明文件。

2. 保温材料的保管

(1)保温材料要存放在防火区域,存放区域需配置消防器材。

(2)存放时应注意防水、防潮。

(3)应按品种、类别、规格、型号分开存放。

2.3.7　表面装饰材料的验收与保管

表面装饰材料主要有石材、装饰面砖、饰面砂浆及真石漆等。

1. 石材

1)石材的检验与验收

(1)石材验收要根据设计图样的要求进行。

(2)石材要符合现行标准的要求,常用石材厚度为 25~30 mm。

(3)石材除了考虑安全性的要求外,还要考虑装饰效果。

(4)采购石材时尽可能减少色差。

(5)石材表面不得有贯穿性裂纹和明显的斑块。

(6)进场的石材要有合格证、检验报告等质量证明文件。

2）石材的保管

（1）石材板材直立码放时，应光面相对，倾斜度不应大于 15°，底面与光面之间用无污染的弹性材料支撑。

（2）按规格、型号分类存放，并做好标识。

（3）每组石材应挂明细单，标明每块石材的规格、尺寸等信息。

（4）石材宜采用木板等打包存放，高度不宜过高，防止破损。

2. 装饰面砖

1）装饰面砖的检验与验收

（1）装饰面砖验收要根据设计图样和国家现行相关标准的要求进行。

（2）各类装饰面砖的外观尺寸、表面质量、物理性能、化学性能要符合相关规范，要求厂家提供型式检验报告，必要时要进行复检。

（3）外包装箱上要求有详细的标识，包含制造厂家、生产场地、质量标识及砖的型号、规格、尺寸、生产日期等。

（4）要对照样块进行检查验收，主要检查装饰面砖的尺寸偏差、颜色偏差和翘曲情况。

（5）进场的装饰面砖要有合格证、检验报告等质量证明文件。

2）装饰面砖的保管

（1）要存放在通风干燥的仓库内，注意防潮。

（2）可以码垛存放，但不宜超过三层。

（3）按照规格、型号分类存放，做好标识。

2.3.8　其他材料的验收与保管

1. 钢筋间隔件的验收与保管

钢筋间隔件（保护层垫块）按材质分为水泥间隔件、塑料间隔件和金属间隔件三种类型。

1）钢筋间隔件的验收

（1）钢筋间隔件应符合现行行业标准《混凝土结构用钢筋间隔件应用技术规程》（JGJ/T 219）的规定。

（2）间隔件应做承载力抽样检查，承载力应符合要求。

（3）同一类型的钢筋间隔件，每批检查数量应为总量的 0.1%，且不应少于 5 件。

（4）检查产品合格证和出厂检验报告。

（5）水泥基类钢筋间隔件应符合现行有关标准，检查砂浆或混凝土试验强度。

（6）检查外观形状、尺寸偏差并应符合规程要求。

2）钢筋间隔件的保管

（1）钢筋间隔件应存放在干燥通风的环境中。

（2）钢筋间隔件应按品种、类别、规格分类存放并做好标识。

（3）钢筋间隔件上不得沾染油脂或其他酸碱类化学物质。

（4）钢筋间隔件上方不得重压,塑料间隔件存放时不得超过产品有效期。

2.脱模剂、缓凝剂和修补料的验收与保管

1）脱模剂、缓凝剂和修补料的验收

（1）应选用无毒、无刺激性气味、不影响混凝土性能和预制构件表面装饰效果的脱模剂、缓凝剂和修补料。

（2）验收时要对照采购单核对品名、厂家、规格、型号、生产日期、说明书等。

（3）在规定的使用期限内使用,超过使用期限应做性能试验,检查合格后方能使用。

（4）脱模剂应按照使用品种选用,选用前及进场后,每年进行一次匀质性和施工性能试验。

（5）进场的脱模剂、缓凝剂、修补料要有合格证、检验报告等质量证明文件。

2）脱模剂、缓凝剂和修补料的保管

（1）运输储存过程中,防止暴晒、雨淋、冰冻。

（2）存放在专用仓库或固定的场所,妥善保管,方便识别、检查、取用等。

习题及答案

一、填空题

1.同一厂家、同一品种、同一代号、同一强度等级且连续进场的硅酸盐水泥、袋装水泥不超过(　　　　)为一批,散装水泥不超过(　　　　)为一批。

2.对水泥有其他设计要求时,检验结果应符合现行国家标准(　　　　　　)的有关规定。

3.同一厂家、同一强度等级、同白度且连续进场的白色硅酸盐水泥,不超过(　　　　　)为一批。

4.袋装水泥要存放在库房里,应在离地约(　　　)高度堆放,堆放高度一般不超过(　　　)。

5.水泥的保管日期不能超过(　　　),存放超过期限的水泥要重新检查外观,重新测定强度等指标,合格后方可按测定值调整配合比使用。

6.砂子进场检验项目:筛分析、(　　　)、吸水率、含水率、(　　　)、泥块含量等。

7.石子进场检验项目:筛分析、表观密度、含泥量、(　　)、(　　)、(　　)等。

8.正常进料时,要认真核对每一车砂石运输单中所标明的产地、(　　　)、(　　　)、(　　　)、颜色等是否与进货通知单相符,并目测是否合格。

9.同一厂家(产地)且同一规格的骨料不超过(　　)或(　　)为一个检验批次,一般多以质量划分检验批次。

10.骨料存储应当有(　　)或者专用的棚厦,不宜(　　)存放,防止对环境造成污染。

11.同一厂家、同一品种、同一技术指标的矿物掺合料、粉煤灰和粒化高炉矿渣粉不超过(　　)为一批,硅灰不超过(　　)为一批。

12. 矿物掺合料按批抽取试样进行细度(　　　　)、需水量比(　　　　)和烧失量(　　　　)试验。

13. 矿物掺合料入库后应及时使用,一般存放期不宜超过(　　　　),袋装的矿物掺合料应在存放期内定期翻动,以免干结硬化。

14. 同一厂家、同一品种的减水剂,掺量大于1%(含1%)的产品不超过(　　　　)为一批,产量小于1%的产品不超过(　　　　)为一批。

15. 减水剂检验结果应符合现行国家标准(　　　　)、(　　　　)和《聚羧酸系高性能减水剂》(JG/T 223)的有关规定。

16. 大多数水剂型减水剂有防冻要求,冬季必须在(　　　　)以上环境中存放。

17. 混凝土拌制及养护用水应符合现行行业标准(　　　　)的有关规定。

18. 混凝土结构用钢材主要是指钢筋,即钢筋混凝土或预应力钢筋混凝土中的钢筋,其截面为圆形,有时为带有圆角的方形,包括(　　　)、(　　　)和(　　　)。

19. 光圆钢筋是经(　　　)成型并(　　　)的成品钢筋,表面光圆,是由低碳钢和普通合金钢在高温状态下轧制而成的,强度(　　　),但塑性及焊接性(　　　),便于冷加工,主要用于钢筋混凝土和预应力混凝土结构。

20. 直径6.5~12 mm的光圆钢筋,大多数卷成(　　　);直径12~40 mm的,一般是(　　　)长的直条。

21. 带肋钢筋是由(　　　)轧制而成的,外形有(　　　)、(　　　)和(　　　)三种。

22. 一般Ⅱ、Ⅲ级钢筋轧制成(　　　),Ⅳ级钢筋轧制成(　　　)及(　　　)。

23. 钢筋的抗拉强度实测值与屈服强度实测值的比值不应小于(　　　)。

24. 钢筋的屈服强度实测值与强度标准值的比值不应大于(　　　)。

25. 盘条:按批次取样,每批(　　　),每个试样长度≥350 mm;每一批号(不大于60 t),做拉伸试验(　　　),做冷弯试验(　　　)。

26. 光圆钢筋和带肋钢筋:按批次取样,每批(　　　),每个试样长度≥350 mm;每一批号(不大于60 t),做拉伸试验(　　　),做冷弯试验(　　　)。

27. 钢筋进场应按批次的级别、品种、直径和外形分类码放,并注明产地、规格、品种和质量检验状态等。与地面的距离(　　　),支撑间隙(　　　),严禁与水长时间接触。

28. 门窗应放置在清洁平整的地方,且应避免日晒雨淋,不要直接接触地面,下部应放置垫木且均应立放,与地面夹角不应小于(　　　),要有防倾倒措施。

29. 当门窗框直接安装在预制构件中时,应在模具上设置(　　　)进行固定,门窗框应采取包裹或者覆盖等保护措施,生产和吊装运输过程中,不得污染、划伤和损坏。

30. 防水密封胶条应有产品合格证和出厂检验报告,质量和耐久性应满足现行相关标准要求,制作时防水密封胶条不应在(　　　)搭接节点,防水的检查措施应到位。

31. 防雷引下线通常用(　　　)镀锌扁钢、圆钢或镀锌钢纹线等制成。

32. 预埋件大多由金属材料制造,例如钢筋或者铸铁,也可用(　　　)、(　　　)等非金属刚性材料。

33. 保温材料依据材料性质大体分为有机保温材料、无机保温材料和复合保温材料。不同保温材料性能各异,材料(　　)是衡量保温材料性能的重要指标。

34. 同一厂家、同一类别、同一规格的保温材料不超过(　　)为一批进行进场检验。

35. 保温材料的检验结果应符合设计要求和现行国家相关标准(　　)的有关规定。

36. 表面装饰材料主要有石材、装饰面砖、(　　)及(　　)等。

37. 石材板材直立码放时,应光面相对,倾斜度不应大于(　　),底面与光面之间用无污染的弹性材料支撑。

38. 装饰面砖要存放在通风干燥的仓库内,注意防潮。可以码垛存放,但不宜超过(　　)层。

39. 外墙保温拉结件是用于连接预制保温墙体内外层混凝土墙板、传递(　　),以使内外层墙板形成整体的连接器。

40. 目前,在预制夹心保温墙体中使用的拉结件主要有(　　)、(　　)、不锈钢拉结件。拉结件宜选用纤维增强复合材料或不锈钢薄钢板。

41. 同一厂家、同一类别、同一规格的拉结件不超过(　　)为一批。

42. 钢筋间隔件(保护层垫块)按材质分为(　　)、(　　)和(　　)三种类型。

43. 同一类型的钢筋间隔件,每批检查数量应为总量的0.1%,且不应少于(　　)件。

二、简答题

1. 简述灌浆套筒外观质量的验收内容。

2. 举例说明预埋件、预埋管、预埋螺栓的作用。

3. 简述混凝土结构用钢材的种类及各自的性能。

4. 简述钢筋外观质量的验收内容。

5. 简述拉结件的作用。

习题答案

任务 2.4 预制构件生产制作准备

预制构件如外墙板、内墙板、叠合板、楼梯、阳台等部品部件在车间进行工厂化生产时，需要进行科学的生产组织。在生产制作之前，应根据建设单位提供的深化设计图纸、产品供应计划等组织技术人员对项目的生产工艺、生产方案、进场计划、人员需求计划、物资采购计划、生产进度计划、模具设计、堆放场地、运输方式等内容进行策划，同时根据项目特点编制相关技术方案和具体保证措施，保证项目实施阶段的工作顺利进行。

2.4.1 构件生产计划准备

预制构件的生产准备：一般是指生产过程开始前需编制生产计划，生产计划的质量直接影响客户满意度、生产效率。

预制构件生产计划编制：构件厂在接到订单后，要制订整个项目的物资需求计划和生产作业计划。物资需求计划包括原材料、辅助材料、生产工具、设备配件等所有物资的用量，并预测月度物资需求，制订月度资金需求计划。同时要制订月度生产作业计划，安排生产进度，便于组织人力和设备，以满足进度要求。

构件需求计划：由建设单位组织施工单位，根据项目实施进度的计划及安排，提前编制构件需求计划单。构件生产单位根据需求计划单编制详细的生产总计划，组织人员及设备进行构件生产。PC 车间及技术部门配合物资部门确定模具制作方案，以书面形式向模具厂提出模具质量标准及要求。

人员需求计划：为实现生产既定目标，生产部门应根据生产任务总量、劳动生产效率、计划劳动定额和定员的标准来确定人员的需求量。

物资需求计划：计划部门根据生产计划总体要求，分别制订物资需求计划，包括材料名称、种类、规格、型号、单位数量、交货期等内容，并及时跟踪材料的采购进度。

生产作业计划：根据总体生产作业计划制订分项分阶段作业计划，并定期检查计划完成情况，以满足交货要求。

对入场材料、配件等的质量证明文件和复检结果进行检查，也是预制构件结构性能免检的必要条件之一。预制构件厂的日常生产管理和控制手段，应包括下列内容。

（1）电子化办公：建立有线或无线宽带网络，形成设计、采购、生产、物流、安装、检验等二维码或无线射频管理识别系统。

（2）设备监控：混凝土搅拌站、布料机、养护窑等主要工艺，宜配置 PLC 控制装置。

（3）管理流程：材料准入、材料加工、工序交接、产品检验等，应按管理岗位、制度和流程的动态控制进行预制构件制作的质量管理。

（4）实验仪器和设备：应按企业申请的资质等级建立实验室，并进行实质性的设备配置和员工岗位设置。

为实现施工现场零库存或者少库存，构件厂应和施工总承包单位制订预制构件生产、运输和构件施工协同计划。总承包单位应根据施工实际进度，及时调整预制构件进场计划，构件厂应根据施工计划调整构件生产计划、运输和进场计划。

构件制作前应审核预制构件深化设计图纸，并根据构件深化设计图纸进行模具设计，影响构件性能的变更修改应由原施工图设计单位确认。预制构件制作前，应根据构件特点编制生产方案，明确各阶段质量控制要点，具体内容包括生产计划及生产工艺、模具计划及模具方案、技术质量控制措施、成品存放、保护及运输方案等。必要时应进行预制构件脱模、吊运、存放、翻转及运输等相关内容的承载力、裂缝和变形验算。

预制构件生产加工中的各种检测、试验、张拉、计量等设备及仪器仪表均应检定合格，并在有效期内使用。预制构件制作前，应对混凝土用原材料、钢筋、灌浆套筒、连接件、吊装件、预埋件、保温板等的产品合格证（质量合格证明文件、规格、型号及性能检测报告等）进行检查，并按照相关标准进行复检试验，经检测合格后方可使用，试验报告应存档备案。

2.4.2　生产人员准备

面向装配式混凝土构件生产企业，在构件模具准备阶段、钢筋绑扎与预埋件预埋、构件浇筑、生产、施工、质量验收等岗位，根据技术规范与规程的要求，完成预制构件的生产与加工作业及技术管理等工作。

（1）模具准备阶段：对生产人员进行岗位培训，使其能进行技术图纸的识读、选择模具和组装工具、能进行画线操作，能进行模具组装、校准，能进行模具清理及脱模剂涂刷，能进行模具的清污、除锈、维护保养，能进行工完料清操作。

（2）钢筋绑扎与预埋件预埋：对生产人员进行岗位培训，使其能操作钢筋加工设备进行钢筋下料、钢筋绑扎及固定、预埋件固定，能进行预留孔洞临时封堵，能进行工完料清操作。

（3）构件浇筑：对生产人员进行岗位培训，使其能完成生产前准备工作，能进行布料操作、振捣操作，能进行夹心外墙板的保温材料布置和拉结件安装，能处理混凝土粗糙面、收光面，能进行工完料清操作。

（4）构件养护及脱模：对生产人员进行岗位培训，使其能完成生产前准备工作，能控制养护条件和状态监测，能进行养护窑构件出入库操作，对养护设备保养及维修提出要求，能进行构件的脱模操作，能进行工完料清操作。

（5）构件存放及防护：对生产人员进行岗位培训，使其能完成生产前准备工作，能安装构件信息标识，能进行构件的直立及水平存放操作，能设置多层叠放构件间的垫块，能进行外露金属件的防腐、防锈操作，能进行工完料清操作。

2.4.3 技术准备

预制构件生产技术准备工作通常从选定产品方向、确定产品设计原则和进行技术设计开始,经过一系列生产技术工作直至能合理高效地组织产品投产。

(1)图纸交底:预制构件生产前,应由建设单位组织设计、生产、施工单位进行设计图纸交底和会审,必要时,应根据批准的设计文件、拟定的生产工艺、运输方案、吊装方案等编制加工详图。

(2)生产方案编制:预制构件生产前应编制生产方案,生产方案宜包括生产计划和生产工艺,模具方案及计划,技术质量控制措施,成品存放、运输和保护方案等。

(3)质量管理方案:生产单位的检测、试验、张拉、计量等设备及仪器仪表均应检定合格,并应在有效期内使用。不具备试验能力的检验项目,应委托第三方检测机构进行试验。预制构件生产的质量检验应按模具、钢筋、混凝土、预应力、预制构件等检验进行。

(4)技术交底与培训:由工厂专业技术人员向参与生产的人员针对构件生产方案进行技术性交底,其目的是使生产作业人员对构件特点、技术质量要求、生产方法与措施和安全等方面有较详细的了解,以便科学地组织施工,避免技术质量事故等的发生。

(5)各工序技术准备:针对生产作业中模具、钢筋、混凝土、脱模与吊装、洗水、修补及养护的作业条件、技术要求进行详细介绍。

2.4.4 材料准备

原材料准备:预制构件原材料主要包括钢筋、水泥、粗细骨料、外加剂、钢材、套筒、预埋件、拉结件和混凝土等,用于构件制作和施工安装的建材和配件应符合相关的材质、测试和验收等规定,同时也应符合国家、行业和地方有关标准的规定。

(1)水泥质量检验:水泥进场前要求供应商出具水泥出厂合格证和质保单,对其品种、级别、包装或散装仓号、出厂日期等进行检查,并按照批次对其强度(ISO 胶砂法)、安定性、凝结时间等性能进行复检。

(2)细骨料质量检验:使用前对砂的含水量、含泥量进行检验,并用筛选分析试验对其颗粒级配及细度模数进行检验,不得使用海砂。

(3)粗骨料质量检验:使用前要对石子含水量、含泥量进行检验,并用筛选分析试验对其颗粒级配进行检验,其质量应符合现行行业标准《普通混凝土用砂、石质量及检验方法标准》(JGJ 52)的相关规定。

(4)减水剂品种应通过试验室进行试配后确定,进场前要求供应商出具合格证和质保单等。减水剂产品应均匀、稳定,定期选测下列项目:固体含量或含水量、pH 值、比重、密度、松散容重、表面张力、起泡性、氯化物含量。

（5）钢材质量检验：钢材进场前要求供应商出具合格证和质保单，按照批次对其抗拉强度、延伸率、比重、尺寸、外观等进行检验，其指标应符合国家标准《预应力混凝土用螺纹钢筋》（GB/T 20065—2016）、《钢筋混凝土用钢》（GB/T 1499.2—2018）等的规定。

（6）预埋件质量检验：预制构件制作前，应依据设计要求和混凝土工作性要求进行混凝土配合比设计。必要时在预制构件生产前，应进行样品试制，经设计和监理认可后方可实施，同时需填写"预埋件制作质量标准验收记录表"（表2-4-1）。构件制作前应进行技术交底和专业技术操作技能培训。

（7）混凝土质量检验：混凝土配合比设计应符合行业标准《普通混凝土配合比设计规程》（JGJ 55—2011）的相关规定和设计要求。混凝土坍落度的检验，应根据预制构件的结构断面、钢筋含量、运输距离、浇筑方法、运输方式、振捣能力和气候条件等选定，在选定配合比时应综合考虑，以采用较小的坍落度为宜，同时，对混凝土的强度进行检验。若是遇到原材料的产地或品质发生显著变化时或混凝土质量异常时，应对混凝土配合比重新设计并检验。

2.4.5　安全技术交底

为进一步加强预制构件厂的安全管理，确保施工人员的人身安全，切实推进标准化工地和文明施工建设，进行预制构件加工前必须对技术人员和施工人员进行安全技术交底。

1. 施工现场一般安全要求

（1）新入场的操作人员必须经过三级安全教育，考核合格后，才能上岗作业；特种作业和特种设备作业人员必须经过专门的培训，考核合格并取得操作证后才能上岗。

（2）全体人员必须接受安全技术交底，并清楚其内容，施工中严格按照安全技术交底作业。

（3）按要求使用劳保用品；进入施工现场，必须戴好安全帽，扣好帽带。

（4）施工现场禁止穿拖鞋、高跟鞋和易滑、带钉的鞋，杜绝赤脚、赤膊作业，不准疲劳作业、带病作业和酒后作业。

（5）工作时要思想集中，坚守岗位，遵守劳动纪律，不准在现场随意乱串。

（6）不准擅自拆除施工现场的防护设施、安全标志、警告牌等，需要拆除时，必须经过施工负责人同意。

（7）不准破坏现场的供电设施和消防设施，不准私拉乱接电线和私自动用明火。

（8）预制厂内应保持场地整洁，道路通畅，材料区、加工区、成品区布局合理，机具、材料、成品分类分区摆放整齐。

（9）进入施工现场必须遵守施工现场安全管理制度，严禁违章指挥、违章作业；做到"三不伤害"，即不伤害自己、不伤害他人、不被他人伤害。

2. 构件加工注意事项

1）钢筋加工

（1）钢筋加工场地面平整，道路通畅，机具设备和电源布置合理。

表 2-4-1 预埋件制作质量标准验收记录表

<table>
<tr><td colspan="3">单位（子单位）
工程名称</td><td colspan="3">×××××</td></tr>
<tr><td colspan="3">施工单位</td><td colspan="2">×××××有限公司</td><td>项目经理</td><td>×××</td></tr>
<tr><td colspan="3">施工执行标准
名称及编号</td><td colspan="2">《电力建设施工质量验收及评定规程 第1部分：
土建工程》（DL/T 5210.1—2012）</td><td>专业工长
（施工员）</td><td>×××</td></tr>
<tr><td colspan="3">分包单位</td><td></td><td>分包项目
经理</td><td></td><td>施工班组长</td><td>×××</td></tr>
<tr><td colspan="3" rowspan="1">施工质量验收规范的规定</td><td colspan="2">施工质量验收规范的规定</td><td colspan="2">施工单位自检记录</td><td>监理（建设）单位验收记录</td></tr>
</table>

主控项目	1	焊工技能☆	从事钢筋焊接施工的焊工必须持有焊工考试合格证，才能上岗操作		
	2	钢材品种和质量☆	符合设计要求和现行有关标准的规定	见钢筋隐蔽工程	
	3	焊条、焊剂的品种、性能、牌号	符合设计要求和现行有关标准的规定	符合要求	
	4	钢筋级别☆	必须符合设计要求和现行有关标准的规定	符合要求	
	5	焊前试焊☆	模拟施工条件试焊必须合格	合格	
	6	钢筋焊接接头的机械性能☆	符合JGJ 18的规定	符合设计要求和现行有关标准的规定	
	7	预埋件的型号	符合设计要求和现行有关标准的规定	符合设计要求和现行有关标准的规定	
	8	外观质量	表面应无焊痕、明显凹陷和损伤	符合设计要求和现行有关标准的规定	

主控项目	9	埋弧压力焊	钢筋相对钢板的角度偏差		≤3°	1°	
			钢筋间距偏差		±10	5	
	10	手工电弧焊	焊脚尺寸	I级钢筋	贴脚焊缝不小于0.5倍钢筋直径	0.5 mm	
				II级钢筋	贴脚焊缝不小于0.6倍钢筋直径	0.6 mm	
			气孔或夹渣	数量	≤3	1	
				直径	≤1.5	1.1 mm	

一般项目	1	平整偏差	≤3或（2）ª	1 mm	
	2	型钢埋件挠曲	不大于1/1 000型钢埋件长度，且不大于5 mm		
	3	预埋件尺寸偏差	+10~-5	mm	
	4	螺杆及螺纹长度偏差	+10~0	mm	
	5	预埋管的椭圆度	不大于1%预埋管直径		

注：1. 标☆的为重点关注项目，如果出现问题产品，直接报废。

2. 上标"a"表示用2 m长的铝合金尺检查。

（2）采用机械方式进行钢筋的除锈、调直、断料和弯曲等加工时，机械传动装置要设防护罩，并由专人使用和保管。

（3）钢筋焊接人员需配戴防护罩、鞋盖、手套和工作帽，防止伤眼和灼伤皮肤。电焊机的电源部分要有保护，避免操作不慎使钢筋和电源接触，发生触电事故。

（4）钢筋调直机要固定，手与飞轮要保持安全距离；调至钢筋末端时，要防止甩动和弹起伤人。

（5）操作钢筋切断机时，不准将两手分在刀片两侧俯身送料；不准切断直径超过机械规定的钢筋。

（6）钢筋弯曲机弯制钢筋时，工作台要安装牢固；被弯曲钢筋的直径不准超过弯曲机规定的允许值。弯曲钢筋的旋转半径内和机身没有设置固定锁子的一侧，严禁站人。

（7）钢筋电机等加工设备要妥善进行保护接地或接零。各类钢筋加工机械使用前要严格检查，其电源线不能有破损、老化等现象，其自身附带的开关必须安装牢固，动作灵敏可靠。

（8）搬运钢筋时要注意附近有无人员、障碍物、架空电线和其他电器设备，防止碰人撞物或发生触电事故。

2）混凝土施工

（1）混凝土运输车进入预制厂时应鸣笛示警，浇筑人员应指挥车辆驶入浇筑区。混凝土罐车在厂内行走时，应走固定的通道，并由专人指挥。

（2）施工人员要严格遵守操作规程，振捣设备使用前要严格检查，其电源线不能有破损、老化等现象，其自身附带的开关必须安装牢固，动作灵敏可靠。电源插头、插座要完好无损。

（3）混凝土振捣时，操作人员必须戴绝缘手套，穿绝缘鞋，防止触电。作业转移时，电机电缆线要保持足够的长度和高度，严禁用电缆线拖、拉振捣器，更不能在钢筋和其他锐利物上拖拉，防止割破、拉断电线而造成触电伤亡事故。振捣工必须懂得振捣器的安全知识和使用方法，保养、作业后及时清洁设备。插入式振捣器要2人操作，1人控制振捣器，1人控制电机及开关，棒管弯曲半径不得小于50 cm，且不能多于2个弯，振捣棒自然插入、拔出，不能硬插、硬拔或硬推，不要蛮碰钢筋或模板等硬物，不能用棒体拔钢筋等。

（4）浇筑混凝土过程中，密切关注模板变化，出现异常停止浇筑并及时处理。

3. 施工用电、消防安全要求

（1）安装、维修、拆除临时用电工程，必须由电工完成，电工必须持证上岗，实行定期检查制度，并做好检查记录。

（2）配电箱、开关箱必须有门、有锁、有防雨措施；配电箱内多路配电要有标记，必须坚持一机一闸用电，并采用两级漏电保护装置；配电箱、开关箱必须安装牢固，电具齐全完好，注意防潮。

（3）电动工具使用前要严格检查，其电源线不能有破损、老化等现象，其自身附带的开关必须安装牢固,动作灵敏可靠。电源插头、插座要符合相应的国家标准。

（4）电动工具所带的软电缆或软线不允许随意拆除或接长;插头不能任意拆除、更换。当不能满足作业距离时,要采用移动式电箱,避免接长电缆带来的事故隐患。

（5）现场照明电线绝缘良好,不准随意拖拉。照明灯具的金属外壳必须接零,室外照明灯具距地面不低于 3 m。夜间施工灯光要充足,不准把灯具挂在竖起的钢筋上或其他金属构件上,确保符合安全用电要求。

（6）易燃场所要设警示牌,严禁将火种带入易燃区。加工场、生活区必须设置灭火器、灭火桶、专用铁锹,同时堆放灭火砂。连续梁施工区要配备灭火器和高压水泵等消防器材。消防器材要设置在明显和便于取用的地点,周围不准堆放物品和杂物。消防设施、器材应当由专人管理,负责检查、维修、保养、更换和添置,保证完好有效,严禁圈占、埋压和挪用。

（7）施工现场的焊割作业必须符合防火要求,并严格执行"1211"规定（1 支焊枪,2 名施工人员（1 人施焊、1 人防护）,1 个灭火器,1 个水盆（接焊渣用））。

（8）发现燃烧起火时,要注意判明起火的部位和燃烧的物质,保持镇定,迅速扑救,同时向领导报告和向消防队报警。扑救时要根据不同的起火物质,采用正确有效的灭火方法,如断开电源、撤离周围易燃易爆物质和贵重物品,根据现场情况,机动、灵活、正确地选择灭火用具等。

4. 文明施工要求

（1）根据标准化管理要求,合理布置各种文明施工和安全施工警示牌（图 2-4-1）,并采取有效措施防止损坏。

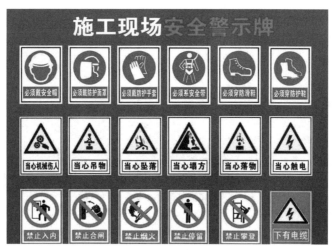

图 2-4-1　施工现场安全警示牌

（2）现场布局合理,材料、物品、机具堆放符合要求,堆放要有条理。剩余的混凝土拌合物要定点放置,可用于处理或硬化施工场地、便道,严禁随意丢弃。

（3）施工中要注意环境保护,钢筋废料要集中堆放。

（4）施工机械车辆要行走施工便道，不可任意行驶，便道要经常洒水降尘。施工期间，及时对施工机械车辆道路进行维护，确保晴雨畅通，保证施工顺利进行。

（5）保护施工区和生活区的环境卫生，进行清扫处理，定期清除垃圾并集运至当地环保部门指定的地点掩埋或焚烧。

5. 安全操作规程

（1）预制构件制作前，应召开安全会议，由安全负责人对所有生产人员进行安全教育、安全交底。严格执行各项安全技术措施，施工人员进入现场应戴好安全帽，按时发放和正确使用各种个人劳动防护用品。

（2）施工用电应严格按有关规程、规范实施，现场电源线应采用预埋电缆，装置固定的配电盘，随时对漏电及杂散电源进行监测，所有用电设备都应配置触漏电保护器，正确设置接地，生活用电线路架设规范有序。

（3）对于大型机械作业，机械停放地点、行走路线、电源架设等均应制定施工措施，大型设备通过工作地点的场地，使其具有足够的承载力。各种机械设备的操作人员应经过相应部门组织的安全技术操作规程培训并合格后持有效证件上岗。机械操作人员工作前，应对所使用的机械设备进行安全检查，严禁设备带病工作。机械设备运行时，应设专人指挥，负责安全工作。

习题及答案

简答题

1. 如何编制预制构件生产计划？

2. 预制构件生产技术准备工作有哪几部分？

3. 预制构件制作前需要对混凝土进行哪方面的质量检验？

习题答案

任务 2.5 混凝土预制构件的制作

2.5.1 预制构件钢筋加工制作

2.5.1.1 钢筋加工

钢筋原材经过单根钢筋的制备、钢筋网和钢筋骨架的组合以及预应力钢筋的加工等工序制成成品后,运至生产线进行安装。

钢筋加工

钢筋加工、绑扎及入模

1. 钢筋除锈

钢筋的表面应洁净。油渍、漆污和用锤敲击时能剥落的浮皮、铁锈等应在加工前清除干净。在焊接前,焊点处的水锈应清除干净。

2. 钢筋调直

采用钢筋调直机(图 2-5-1)调直冷拔钢丝和细钢筋时,要根据钢筋的直径选用调直模和传送压辊,并要正确掌握调直模的偏移量和压辊的压紧程度。

调直模的偏移量,根据其磨耗程度及钢筋品种通过试验确定。钢筋调直的关键是调直筒两端的调直模一定要在调直前后导孔的轴心线上。

压辊的槽宽,一般在钢筋穿入压辊之后,在上下压辊间宜有 3 mm 之内的间隙。压辊的压紧程度要做到既保证钢筋能顺利地被牵引前进,看不出钢筋有明显的转动,又要保证在被切断的瞬时钢筋和压辊间不允许打滑。

3. 钢筋切断

(1)将同规格钢筋根据不同长度长短搭配,统筹排料;一般应先断长料,后断短料,减少短头,减少损耗。

(2)断料时应避免用短尺量长料,防止在量料时产生累积误差。为此,宜在工作台上标出尺寸刻度线并设置控制断料尺寸用的挡板。图 2-5-2 所示为钢筋切断机。

（3）在切断过程中，如发现钢筋有劈裂、缩头或影响使用的弯头等情况必须切除。

（4）钢筋的断口不得有马蹄形或起弯等现象。

图 2-5-1　钢筋调直机

图 2-5-2　钢筋切断机

4. 钢筋弯曲成型

1）受力钢筋柱

当设计要求钢筋末端需做 135° 弯钩时，HRB335 级、HRB400 级钢筋的弯弧内直径 D 不应小于钢筋直径的 4 倍，弯钩的弯后平直部分长度应符合设计要求。

钢筋做不大于 90° 的弯折时，弯折处的弯弧内直径不应小于钢筋直径的 5 倍。

目前，钢筋加工一般采用专用设备自动化加工（图 2-5-3 和图 2-5-4）。

2）箍筋

除焊接封闭环式箍筋外，箍筋的末端应做弯钩。弯钩形式应符合设计要求；当设计无具体要求时，应符合下列规定。

（1）箍筋弯钩的弯弧内直径除应满足上述要求外，尚应不小于钢筋的直径。

（2）箍筋弯钩的弯折角度：对一般结构，不应小于 90°；对有抗震等要求的结构，应为 135°。

（3）箍筋弯后的平直部分长度：对一般结构，不宜小于箍筋直径的 5 倍；对有抗震要求的结构，不应小于箍筋直径的 10 倍和 75 mm 二者中的较大值。

图 2-5-3　钢筋加工设备

图 2-5-4　钢筋桁架焊接设备

2.5.1.2　钢筋绑扎

1. 绑扎不带套筒的钢筋骨架

（1）按照生产计划，确保钢筋的规格、型号、数量正确。

（2）绑扎前对钢筋质量进行检查，确保钢筋表面无锈蚀、污垢。

（3）绑扎基础钢筋时按照规定摆放钢筋支架与马凳，不得任意减少支架与马凳。

（4）严格按照图纸进行绑扎，保证外露钢筋的外露尺寸，保证箍筋及主筋间距，保证钢筋保护层厚度，所有尺寸误差不得超过 ±5 mm，严禁私自改动钢筋笼结构。

（5）用两根绑线绑扎连接，相邻两个绑扎点的绑扎方向相反。

（6）拉筋绑扎应严格按图施工，拉筋钩在受力主筋上，不准漏放，135° 钩靠下，直角钩靠上，待绑扎完成后再手工将直角钩弯下成 135°。

（7）钢筋垫块严禁漏放、少放，确保混凝土保护层厚度。

（8）成品钢筋笼挂牌后按照型号存入成品区。

（9）工具使用后应清理干净，整齐放入指定工具箱内。

（10）及时清扫作业区域，垃圾放入垃圾桶内。

图 2-5-5 所示为不同构件的钢筋布置及绑扎操作。

（a）

（b）

（c）

（d）

图 2-5-5　钢筋布置及绑扎

（a）钢筋绑扎；（b）叠合楼板布筋；（c）阳台布筋；（d）楼梯布筋

2. 绑扎带套筒的钢筋骨架

（1）绑扎带套筒的钢筋骨架应有专用的绑扎工位和套筒定位端板。

（2）按要求绑扎钢筋骨架，套筒端部应在端板上定位，套筒角度应确保与模具垂直。伸入全灌浆套筒的钢筋，应插入套筒中心挡片处；钢筋与套筒之间的橡胶圈应安装紧密。半灌浆套筒应预先将已辊轧螺纹的连接钢筋与套筒螺纹端按要求拧紧后再绑扎钢筋骨架。对连接钢筋需提前检查镦粗、剥肋、滚轧螺纹的质量，避免未镦粗直接滚轧螺纹削减了钢筋断面。

2.5.2 预制构件模具组装

2.5.2.1 模具的定义及分类

1. 模具的定义

预制构件模具是以特定的结构形式通过一定方式使材料成型的一种工业产品，同时也是能成批生产出具有一定形状和尺寸要求的工业产品零部件的一种生产工具。

2. 模具的特性及要求

（1）模具的设计需要模块化：一套模具在成本适当的情况下应尽可能地满足"一模多制作"，模块化是降低成本的前提。

（2）模具的设计需要轻量化：在不影响使用周期的情况下进行轻量化设计，既可以降低成本，又可以提高作业效率。

（3）模具应具有足够的承载力、刚度和稳定性，保证在构件生产时能可靠承受浇筑混凝土的重量、侧压力及工作荷载。

（4）模具应支拆方便，且应便于钢筋安装和混凝土浇筑、养护。

（5）模具的部件与部件之间应连接牢固；预制构件上的预埋件均应有可靠的固定措施。

3. 模具的分类

预制构件模具可根据构件种类分为外墙模具、内墙模具、隔墙模具、梁模具、柱模具、楼梯模具、阳台模具、窗模具、门模具、女儿墙模具、遮阳板模具、楼板模具、盾构管片模具、路缘石模具等。预制构件常用模具如图 2-5-6 所示。

2.5.2.2 模具的组装

对于通用模具，可以采用机械手组装的方式实现自动化作业，快速完成模具组装，如不出筋的楼板和墙板的组装，采用磁力系统固定。对于不通用的模具，四面有外伸件，如剪力墙构件生产模具，只能是人工作业组装，在模具未优化的情况下，有时还需要与钢筋笼共同进行组装。图 2-5-7 中，（a）为机械手组装，（b）为人工作业组装。

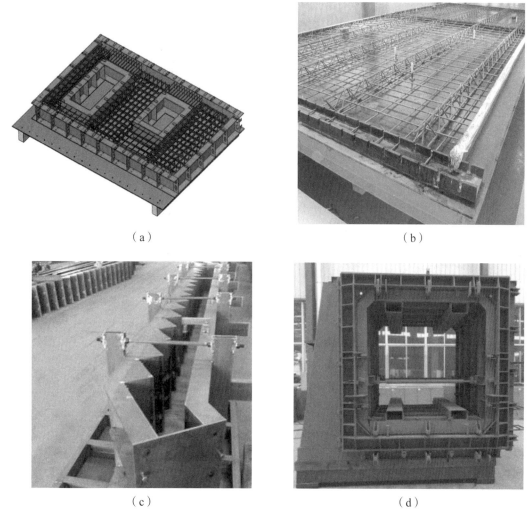

图 2-5-6　预制构件常用模具

（a）剪力墙模具；（b）叠合板模具；（c）楼梯模具；（d）管廊模具

1. 模具组装操作规程

（1）依照图纸尺寸在模台上绘制出模具的边线，仅制作首件时采用。

（2）在已清洁的模具的拼装部位粘贴密封条防止漏浆。

（3）在模台与混凝土接触的表面均匀喷涂脱模剂，擦至面干。

（4）根据图样及模台上绘制出的边线定位模具，然后在模板及模台上进行打孔、攻丝，普通有加强肋的模板孔眼间距一般不大于 500 mm，如果模板没有加强肋，应适当缩小孔眼间距，增加孔眼数量。如模板自带孔眼，模台上的孔眼尺寸应小于模板自带的孔眼。钻孔时应先用磁力钻钻孔，然后用丝锥攻丝，一般模板两端使用螺纹孔，中间部位间隔布置定位销孔和螺纹孔，定位销孔不需要攻丝（仅制作首件时采用）。

（5）模具应按照顺序组装：一般平板类预制构件宜先组装外模，再组装内模；阳台、飘窗等宜先组装内模，再组装外模。对于需要先吊入钢筋骨架的预制构件，应严格按照工艺流程在吊入钢筋骨架后再组装模具，最后安装上面的埋件。

（6）模具固定方式应根据预制构件类型确定，异型预制构件或较高大的预制构件，应采用定位销和螺栓固定，螺栓应拧紧；叠合楼板或较薄的平板类预制构件既可采用螺栓加定位销固定，也可采用磁盒固定。

（7）钢筋骨架入模前，在模具相应的模板面上涂刷脱模剂或缓凝剂。

（8）对侧边留出箍筋的部位，应采用泡沫棒或专用卡片封堵出筋孔，防止漏浆。

（9）按要求做好伸出钢筋的定位措施。

（10）模具组装完毕后，依照图样检验模具，及时修正错误部位。

（11）自检无误后，报质检员复检。

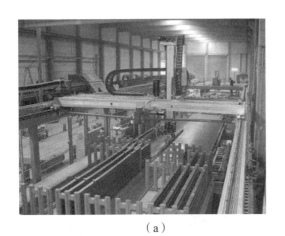 

（a） （b）

图 2-5-7 模具组装

（a）机械手组装；（b）人工作业组装

2. 梁、柱模具组装要点

（1）梁、柱模具多为跨度较长的模具，组装时应在模具长边的中部加装拉杆和支撑，以防止浇筑时模板中部胀模。

（2）组装梁模具时，应对照图纸检查两个端模伸出钢筋的位置，防止模具的两个端模装错、装反。

（3）组装柱模具时，应先确认好成型面，避免出错。

（4）应对照图样检查端模套筒位置，以防止端模组装错误。

3. 墙板模具组装要点

（1）模具组装时，应依照图样检查各边模的套筒、留出筋、穿墙孔（挂架孔）等位置，确保模具组装正确。

（2）模具组装完成后，应封堵好出筋孔，做好出筋定位措施。

4. 叠合楼板模具组装要点

（1）磁盒紧固时，应注意磁盒安放的间距，以防止出现模具松动、漏浆等现象。

（2）定位销和螺栓紧固时，应注意检查定位销和螺栓是否齐全，以防止出现模具松动、漏浆等现象。

（3）边上有出筋的，应做好出筋位置的防漏浆措施和出筋的定位措施。

5. 楼梯模具组装要点

（1）组装立模楼梯模具时，应注意密封条的粘贴与模具的紧固情况，以防止出现漏浆等现象。

（2）楼梯立模安装时应检查模具安装后的垂直度；封模前还要检查钢筋保护层厚度是否满足设计要求。

（3）组装平模楼梯模具时，应注意检查螺栓是否齐全，以防止出现模具松动、漏浆等现象，特别是两端出筋部位要做好防漏浆措施。

（4）平模安装时要检查模具是否有扭曲变形。

6. 高大立模组装要点

高大立模一般指高度超过 2.5 m 的模具。

（1）模具组装前，应搭好操作平台。

（2）注意密封条的粘贴与模具的紧固情况，防止出现漏浆等现象。

（3）要检查并控制好模具的垂直度。

（4）做好支撑，一方面用于调整模具整体的垂直度，另一方面保证作业人员和模具的安全，防止倾倒。

7. 异型预制构件模具组装要点

（1）模具组装前，应对各模板阳角部位进行打磨。

（2）组装模具时，应严格按照工艺流程进行作业，并做好模具的紧固、支撑，提高模具的稳定性。

（3）异型模具吊运、安装时要保持重心稳定，吊平、吊稳。

（4）模具阴角部位，脱模剂一定要涂擦到位。

（5）模具组装过程中，挑架、撑架、连模拉杆不得漏装或少装。

（6）安装异型模具时应边安装边检查，螺栓应分次拧紧，以免发生一端拧紧后另一端安装不上的情况。

（7）高度较高的模板，还应注意检查其垂直度和扭曲情况。

（8）内侧模、转角立面内挡板等应防止胀模，必要时可采取加强措施。

（9）带转角窗的预制构件，应检查转角窗的转角角度，确保转角窗位置准确。

（10）每次组模前，对较大的不需拆卸的封闭底模，要检查其变形情况。

8. 自动流水线模具组装

自动流水线模具一般都是机械手自动组装，多采用磁力固定方式，组模的基本流程如下。

（1）画线机根据预先输入控制系统的预制构件、模具、生产计划等信息，在模台上画出组模标线。

（2）机械手根据上面的信息，从指定的模具存放位置夹取模具并放置在指定位置。

（3）自动将模具位置调整准确后，机械手打开模具上的磁力开关将模具固定在模台上。

（4）夹取下一个模具自动安装。

（5）按工艺流程将钢筋骨架、预埋件等按顺序逐个进行安装，直至模具的所有部件全部安装完成。

2.5.2.3 模具的检查

（1）模具应具有足够的刚度、强度和稳定性，模具尺寸误差的检验标准和检验方法应符合《装标》第 9.3.3 条的规定。

（2）模具各拼缝部位应无明显缝隙，安装牢固，螺栓和定位销无遗漏，磁盒间距符合要求。

（3）模具上必须安装的预埋件、套筒等应齐全无缺漏，品种、规格应符合要求。

（4）模具上擦涂的脱模剂、缓凝剂应无堆积、无漏涂或错涂。

（5）模具上的预留孔、出筋孔、不用的螺栓孔等部位，应做好防漏浆措施。

（6）模具薄弱部位应有加强措施，防止施工过程中发生变形。

（7）要求内凹的预埋件上口应加垫龙眼，线盒应采用芯模和盖板固定。

（8）工装架、定位板等应位置正确，安装牢固。

2.5.3 预制构件脱模剂、缓凝剂的涂刷

2.5.3.1 脱模剂的涂刷

为便于预制构件脱模以及脱模后成型表面达到预定的要求，通常会在模具表面涂刷脱模剂。

1. 脱模剂的种类

脱模剂有很多种，用于混凝土预制构件的脱模剂通常包括水性脱模剂和油性脱模剂。

（1）水性脱模剂。水性脱模剂是由有机高分子材料研制而成的，易溶于水，兑水后涂刷于模板上，会形成一层光滑的隔离膜，该隔离膜能完全阻止混凝土与模板直接接触，并有助于浇筑混凝土时混凝土与模板接触处的气泡能迅速逸出，减少预制构件表面的气孔。水性脱模剂使用之后不会影响混凝土的强度，对钢筋无腐蚀作用，无毒、无害。

（2）油性脱模剂。油性脱模剂常用机油和工业废机油、水、乳化剂等混合制成，其黏性及稠度高，混凝土气泡不容易逸出，易造成预制构件表面出现气孔，并且严重影响后续表面抹灰砂浆与混凝土基层的黏结力，所以在预制构件生产中的使用已逐渐减少。

2.脱模剂的涂刷

脱模剂涂刷不到位或涂刷后较长时间才浇筑混凝土,易造成预制构件表面混凝土粘膜而产生麻面;脱模剂涂刷过量或局部堆积,易造成预制构件表面混凝土麻面或局部疏松;脱模剂不干净或涂刷脱模剂的刷子、抹布不干净,易造成预制构件表面脏污、有色差等。

涂刷脱模剂可以用滚刷和棉抹布手工擦拭(图2-5-8),也可使用喷涂设备喷涂(图2-5-9),一般情况下非自动化生产线,建议手工擦拭。涂刷的相关要求及方法如下。

(1)使用前先将浓缩的脱模剂按使用说明及实际使用需求进行稀释,并搅拌均匀。

(2)如采用手动擦拭,在预先清洁好的模具上将脱模剂擦拭一次,使其完全覆盖在模具表面,形成一层透明的薄膜,然后用拧干的棉抹布再擦拭一次。若采用自动喷涂,根据不同的模具,设定好喷涂范围、喷头高度、喷涂速度等参数,在预先处理的清洁模具上,先试喷一下,查看喷头的雾化效果,必要时调整脱模剂的稀释比例和喷头距模板面的距离,直至脱模剂雾化良好,喷涂均匀。

(3)已涂刷脱模剂的模具,必须在规定的有效时间内完成混凝土浇筑。

(4)脱模剂必须当天配制当天使用。

(5)盛装脱模剂的容器必须每天清洗。

(6)采用新品种、新工艺的脱模剂时,需先做可行性试验,以便达到最佳稀释倍数及最佳的预制构件表面效果。

图 2-5-8　人工涂刷脱模剂

图 2-5-9 喷脱模剂

2.5.3.2 缓凝剂的涂刷

1. 缓凝剂的作用

在模具表面涂刷缓凝剂是为了缓解预制构件与模板接触面混凝土的强度增长,以便于在预制构件脱模后对需要做成粗糙面的表面进行后期处理。

使用缓凝剂后,在预制构件脱模后,用压力水冲刷需要做成粗糙面的混凝土表面,通过控制冲刷时间和缓凝剂的用量,可以控制粗糙面骨料外露的深浅。达到设计要求的混凝土粗糙面,应保证与后浇混凝土的黏结性也满足设计要求。

2. 缓凝剂的涂刷

缓凝剂涂刷不到位、涂刷后等待时间过长或缓凝剂用量过多都会造成预制构件表面出现质量问题。涂刷缓凝剂的相关要求及方法如下。

(1)用刷子或滚筒在需要涂刷缓凝剂的模具表面均匀涂刷一层缓凝剂,不得漏涂,不得涂到不需要涂刷的部位。

(2)等待缓凝剂自然风干,在模具表面形成一层可溶于水的缓凝剂薄膜。

(3)涂刷缓凝剂的模具,必须在规定的有效时间内完成混凝土浇筑。

(4)盛装缓凝剂的容器必须每天清洗,并不得与其他容器混用。

(5)使用新品种、新工艺的缓凝剂时,需先做可行性试验,以便达到最佳使用效果。

2.5.4 预制构件钢筋、预埋件入模安装

2.5.4.1 钢筋入模

钢筋入模分为钢筋骨架整体入模和钢筋半成品模具内绑扎两种方式。具体采用哪种方式,应根据钢筋作业区面积、预制构件类型、制作工艺要求等因素确定。一般钢筋绑扎区面积较大,钢筋骨架堆放位置充足,预制构件无伸出钢筋或伸出钢筋少且工艺允许钢筋骨架整体入模的,应采用钢筋骨架整体入模方式,否则,应采用模具内绑扎的方式。钢筋模具内绑扎会延长整个工艺流程时间,所以条件允许的情况下,应尽可能采取模外绑扎整体入模的方

式,特别是流水线生产工艺更是如此。

1. 钢筋骨架整体入模操作要点

(1)钢筋骨架应绑扎牢固,防止吊运入模时变形或散架。

(2)钢筋骨架整体吊运时,宜采用吊架多点水平吊运(图 2-5-10),避免单点斜拉导致骨架变形。

(3)钢筋骨架吊运至工位上方,宜平稳、缓慢下降至距模具最高处 300~500 mm。

(4)2 名工人扶稳骨架并调整好方向后,缓慢下降吊钩,使钢筋骨架落入模具内(图 2-5-11)。

(5)撤去吊具后,根据需要对钢筋骨架位置进行微调。

(6)在模具内绑扎必要的辅筋、加筋等。

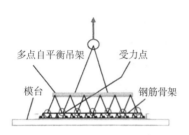

图 2-5-10　吊架多点水平吊运

图 2-5-11　钢筋整体入模

2. 钢筋半成品模具内绑扎操作要点

(1)将需要的钢筋半成品运送至作业工位。

(2)在主筋或纵筋上测量并标示分布筋、箍筋位置。

(3)根据预制构件配筋图,将半成品钢筋按顺序排布于模具内,确保各类钢筋位置正确。

(4)2 名工人在模具两侧根据主筋或纵筋上的标示绑扎分布筋或箍筋。

(5)单层网片宜先绑四周再绑中间,绑中间时应在模具上搭设挑架;双层网片宜先绑底层再绑面层。

(6)面层网片应满绑,底层网片可四周两挡满绑,中间间隔呈梅花状绑扎,但不得存在相邻两道未绑的现象。

(7)架起钢筋应绑扎牢固,不得松动、倾斜。

(8)绑丝头宜顺钢筋紧贴,双层网片钢筋头可朝向网片内侧。

（9）绑扎完成后,应清理模具内杂物、断绑丝等。

3. 钢筋间隔件安装要求

为了确保钢筋的混凝土保护层厚度符合设计要求,使预制构件的耐久性能达到结构设计的年限要求,在钢筋入模后,应安装钢筋间隔件(图 2-5-12),其安装要求如下。

（1）常用的钢筋间隔件有水泥间隔件和塑料间隔件,应根据需要选择种类、材质、规格合适的钢筋间隔件。

（2）钢筋间隔件应根据制作工艺要求在钢筋骨架入模前或入模后安装,可以绑扎或卡在钢筋上。

（3）间隔件的数量应根据配筋密度、主筋规格、作业要求等综合考虑,一般每平方米范围内不宜少于 9 个。

（4）在混凝土下料位置,宜加密布置间隔件,在钢筋骨架悬吊部位可适当减少间隔件。

（5）钢筋间隔件应垫实并绑扎牢固。

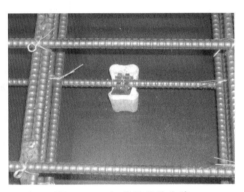

图 2-5-12 钢筋间隔件安装

4. 带套筒钢筋骨架整体入模操作要点

（1）拆除定位挡板后,将整个钢筋骨架吊运至模具工位。

（2）2 名工人扶稳骨架并调整好方向后,缓慢下降吊钩,使钢筋骨架落入模具内。

（3）适当调整钢筋骨架位置,根据工艺要求将套筒与模具进行连接安装。

（4）全灌浆套筒单独入模操作要点如下。

①将套筒一端牢固安装在端部模板上,套筒角度应确保与模板垂直。

②从对面模板穿入连接的钢筋,套入需要安装的箍筋或装入其他钢筋,并调整其与模具内其他钢筋的相对位置。

③在钢筋穿入的一端套入橡胶圈,橡胶圈距钢筋端头的距离应大于套筒长度的 1/2。

④将钢筋端头伸入套筒内,直至接触套筒中心挡片。

⑤调整钢筋上的橡胶圈,使其紧扣在套筒与钢筋的空隙处,扣紧后橡胶圈应与套筒端面齐平。

⑥将连接套筒的钢筋与模具内其他相关的钢筋绑扎牢固。

⑦套筒与钢筋连接的一端宜与箍筋绑扎牢固,防止后续作业时松动。

2.5.4.2　预埋件入模

在模具钢筋组装完成后,需要完成各种预埋件的安装(图 2-5-13),包括吊点埋件、支撑点埋件、电箱电盒、线管、洞口埋件等等。较大的预埋件应先于钢筋骨架入模或与钢筋骨架一起入模,其他预埋件一般在最后入模。

1. 预埋件入模的操作要点

(1)预埋件安装前应核对类型、品种、规格、数量等,不得错装或漏装。

(2)应根据工艺要求和预埋件的安装方向正确安装预埋件,倒扣在模台上的预埋件应在模台上设定位杆,安装在侧模上的预埋件应用螺栓固定在侧模上,在预制构件浇筑面上的预埋件应采用工装挑架固定安装。

(3)安装预埋件一般宜遵循先主后次、先大后小的原则。

(4)预埋件安装应牢固且须防止位移,安装的水平位置和垂直位置应满足设计及规范要求。

(5)底部带孔的预埋件,安装后应在孔中穿入规格合格的加强筋,加强筋的长度应在预埋件两端各露出不少于 150 mm,并防止加强筋在孔内左右移动。

(6)预埋件应逐个安装完成后一次性紧固到位。

(7)防雷引下线(常称为避雷扁铁)应采用热镀锌扁铁,安装时应按设计和规范要求与预制构件主筋有效焊接,并与门窗框的金属部位有效连接,其冲击接地电阻不宜大于 10 Ω。

图 2-5-13　预埋件的安装

2. 预埋波纹管或预留盲孔的操作要点

有些预制构件会采用预埋波纹管(图 2-5-14)或预留盲孔的形式,以方便现场后期的结构连接和安装,如莲藕梁的莲藕段、凸窗的窗下墙等,在作业时应特别注意以下几点。

(1)应采用专用的定位模具对波纹管或螺纹盲管进行定位。

(2)定位模具安装应牢固可靠,不得移位或变形,应有防止定位垂直度变化的措施。

（3）宜先安装定位模具、波纹管和螺纹盲管再绑扎钢筋，避免钢筋绑扎后造成波纹管和螺纹盲管安装困难。

（4）波纹管外端宜从模板定位孔穿出并固定好，内端应有效固定，做好密封措施，避免浇筑时混凝土进入。螺纹盲管上应涂好脱模剂。

3. 线盒线管入模操作要点

（1）在线盒内塞入泡沫，线管按需要进行弯管后用胶带对端头进行封堵。

（2）按要求将线盒固定在底模或固定的工装架上，常用的线盒固定方式有压顶式、芯模固定式、绑扎固定式、磁吸固定式等。

（3）按需要打开线盒侧面的穿管孔，安装好锁扣后，将线管一头伸入锁扣与线盒连接牢固，线管的另一端伸入另一个线盒或者伸出模具外，伸出模具外的线管应注意保护，防止从根部折断。

（4）将线管中部与钢筋骨架绑扎牢固（图2-5-15）。

图 2-5-14　预埋波纹管

图 2-5-15　线盒线管安装

4. 门窗框的安装

（1）核对门窗框型号，分清门窗框内外、上下，将门窗框放置于底模上。

（2）在门窗框内四角位置安装定位挡块，测量上下、左右距边模的尺寸，紧固定位挡块。

（3）上压框拼装成一个整体，在上压框底面贴上防漏浆胶带，胶带应与上压框外沿齐平，接头平整无缺口。

（4）将上压框扣压在门窗框上，测量上压框上下、左右距边模的尺寸，固定上压框。

（5）门窗框四边如缠有胶带，用刀片将胶带切断，避免形成渗水通道。

（6）有避雷要求的，在门窗框指定位置安装避雷铜编带，铜编带与门窗框连接部位用砂纸去除表面绝缘涂层。

（7）将门窗框凹槽内的锚固脚片向外掰开（图2-5-16）。

图 2-5-16　门窗框的安装

5. 预埋件在安装时发生冲突的处理方法

在安装预埋件时，其互相之间或与钢筋之间有时会发生冲突而造成无法安装或虽然能安装但因间距过小而影响后期混凝土作业的情况，一般可按如下方法处理。

（1）预埋件与非主筋发生冲突时，一般适当调整钢筋的位置或对钢筋发生冲突的部位进行弯折，避开预埋件，如图 2-5-17、图 2-5-18 所示。

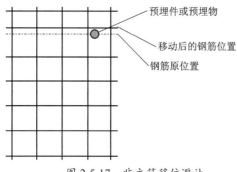

图 2-5-17　非主筋移位避让

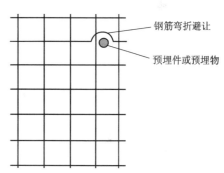

图 2-5-18　非主筋弯折避让

（2）当预埋件与主筋发生冲突时，可折弯主筋避让或联系设计单位给出方案。

（3）当预埋件之间发生冲突，或预埋件安装后造成相互之间或与钢筋之间间距过小，可能影响混凝土流动和包裹时，应联系设计单位给出方案。

清理模具、涂刷脱模剂、画线、钢筋绑扎等

2.5.5　隐蔽工程验收

2.5.5.1　隐蔽工程验收内容

隐蔽工程验收的主要内容包括饰面、模具、钢筋、套管、预埋件及金属波纹管等。

1. 饰面验收内容

（1）饰面材料的品种、规格、颜色、尺寸及铺贴方式、图案、平整度、间距、拼缝。

（2）是否有倾斜、翘曲、裂纹。

（3）需要背涂的饰面材料的背涂质量，带卡钩的饰面材料的卡钩安装质量等。

2. 模具验收内容

（1）模具组装后的外形尺寸及状态，垂直面的垂直度；组装模具的螺栓、定位销数量及安装状态。

（2）模具接合面的间隙及漏浆处理。

（3）模具内清理是否干净，脱模剂、缓凝剂涂刷是否合格。

（4）模具是否有脱焊或变形，与混凝土接触面是否有较明显的凹坑、凸块、锈斑等。

（5）工装架是否有变形，安装是否牢固、可靠，及是否清洁干净。

（6）伸出钢筋孔洞的止浆措施是否有效、可靠。

3. 钢筋验收内容

（1）钢筋的品种、等级、规格、长度、数量、布筋间距、弯心直径、弯曲角度等。

（2）每个钢筋的交叉点均应绑扎牢固，绑扣宜八字开，绑丝头应平贴钢筋或朝向钢筋骨架内侧。

（3）拉钩、马凳或架起钢筋应按规定的间距和形式布置，并绑扎牢固。

（4）钢筋骨架的钢筋保护层厚度，保护层垫块的布置形式、数量。

（5）伸出钢筋的伸出位置、伸出长度、伸出方向，定位措施是否可靠。

（6）钢筋端头为预制螺纹的，螺纹的螺距、长度、牙形，保护措施是否可靠。

（7）钢筋的连接方式、连接质量、接头数量和位置；加强筋的布置形式、数量等。

4. 套管验收内容

（1）套管的品牌、规格、类型和中心线位置。

（2）套管远模板端与钢筋的连接是否牢固、可靠。全灌浆套管应检查钢筋伸入套管的长度和端口密封圈的安装情况；半灌浆套管应检查螺纹接头外露螺纹的牙数及形状。

（3）套管应垂直于模板安装，与所连接的钢筋在同一中心线上。

（4）套管的固定方式及安装的牢固程度和密封性能。

（5）套管灌浆孔和出浆孔的位置及与灌浆导管和出浆导管的连接和通畅情况。

5. 波纹管验收内容

（1）波纹管应安装牢固、可靠。

（2）波纹管的螺旋焊缝不得有开焊、裂纹等，管壁不得破损，特别注意电焊、气割时不得损伤管壁。

（3）波纹管内端口插入钢筋后，端口部位应密封良好。

（4）预埋的波纹管长度较长时，应在中部增加固定点，可采用绑扎固定或用 U 形筋卡位固定，固定应牢固、可靠。

6. 预埋件(预留孔洞)验收内容

（1）预埋件的品种、型号、规格、数量、空间位置、安装方向、间距等。

（2）预埋件有无明显变形、损坏、螺纹、丝扣有无损坏。

（3）预留孔洞的位置、尺寸、垂直度，固定方式是否可靠。

（4）预埋件的安装形式，安装是否牢固、可靠。

（5）垫片、龙眼等配件是否已安装。

（6）预埋件上是否存在油脂、锈蚀。

（7）预埋件底部及预留孔洞周边的加强筋规格、长度，加强筋固定是否牢固、可靠。

（8）预埋件与钢筋、模具的连接是否牢固、可靠。

（9）橡胶圈、密封圈等是否安装合格。

2.5.5.2　隐蔽工程验收程序

隐蔽工程应在混凝土浇筑前由驻厂监理工程师及专业质检人员进行验收，未经隐蔽工程验收不得浇筑混凝土。隐蔽工程验收的程序如下。

1. 自检

作业班组对完成的隐蔽工程进行自检，认为所有项目合格后在隐蔽工程质量管理表上签字。

2. 报检

作业班组负责人将报检的预制构件型号、模台号、作业班组等信息告知驻厂监理工程师及专业质检人员。

3. 验收

驻厂监理工程师及专业质检人员根据报检信息，按应验收内容及相关规定及时验收。

4. 整改

验收不合格项应进行整改，整改后再次进行验收，直至合格，合格后进入下道工序。

2.5.6　预制构件混凝土浇筑

2.5.6.1　混凝土的搅拌

预制构件混凝土的搅拌是指工厂搅拌站人员根据车间布料员报送的混凝土规格(包括浇筑构件类型、构件编号、混凝土类型及强度等级、坍落度要求及需要的混凝土方量等)进行混凝土搅拌。其搅拌过程可扫描下方的二维码观看。

混凝土搅拌

1. 控制好搅拌的节奏

预制构件作业不像现浇混凝土那样是整体浇筑,而是逐个预制构件进行浇筑,每个预制构件的混凝土强度等级可能不一样,混凝土用量一般也不一样,前道工序完成的节奏也会有差异。所以,混凝土搅拌作业必须控制节奏,搅拌混凝土强度等级、混凝土数量必须与已经完成前道工序的预制构件的需求一致,既要避免搅拌量过剩或搅拌后等待入模时间过长,也要尽可能提高搅拌效率。

对于全自动生产线,计算机会自动调节搅拌并控制节奏,对于半自动和人工控制生产线以及固定模台工艺,混凝土搅拌节奏是靠人工控制的,所以需要严密的计划和作业时随时沟通。

2. 浇筑前的检测

混凝土浇筑前,要检测混凝土的坍落度。坍落度宜在浇筑地点随机取样检测,经坍落度检测合格的混凝土方可使用。检测方法如图 2-5-19 所示,也可扫描下方的二维码观看。

混凝土坍落度和坍落扩展度法

混凝土拌合物坍落度检测

(1)如坍落度检测值在配合比设计允许范围内,且混凝土黏聚性、保水性均良好,则该盘混凝土可正常使用。反之,如坍落度超出配合比设计允许范围或出现崩塌、严重泌水或流动性差等现象时,禁止使用该盘混凝土。

(2)当实测坍落度大于设计坍落度的最大值时,该盘混凝土不得用于浇筑当前预制构件。如混凝土和易性良好,可以用于浇筑比当前混凝土设计强度低一等级的预制构件或庭院、景观类预制构件;如混凝土和易性不良,存在严重泌水、离析、崩塌等现象,则该盘混凝土禁止使用。

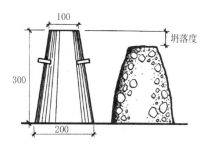

图 2-5-19　坍落度筒及坍落度法示意图

（3）当实测坍落度小于设计坍落度的最小值,但仍有较好的流动性时,则该盘混凝土可用于浇筑同强度等级的叠合板、墙板等较简单、操作面积大且容易浇筑的预制构件,否则应通知试验室对该盘混凝土进行技术处理后才能使用。

2.5.6.2　混凝土的运送

将搅拌好的混凝土打入自动运输罐中,通过对讲机通知车间布料员,布料员控制运输罐自动运输到车间布料台处,并将混凝土倒入自动布料机中。混凝土运输罐如图 2-5-20 所示,混凝土布料机如图 2-5-21 所示。

图 2-5-20　混凝土运输罐　　　　　　　图 2-5-21　混凝土布料机

混凝土运输要注意以下几点。

（1）运输能力与搅拌混凝土的节奏匹配。

（2）运输路径通畅,应尽可能缩短运输时间和距离。

（3）运输混凝土的容器每次出料后必须清洗干净,不能有残留混凝土。

（4）应控制好混凝土从出料到浇筑完成的时间,不应超过标准规定。

2.5.6.3　混凝土的浇筑

混凝土的浇筑(图 2-5-22)可分为:人工浇筑,即通过人工控制起重机前后左右移动料斗完成混凝土浇筑;半自动浇筑,即由人工操作布料机前后左右移动来完成混凝土的浇筑,浇筑量通过人工计算;智能化浇筑,即根据计算机传送的信息,自动识别图纸及模具,完成布料机移动及浇筑。

图 2-5-22　混凝土的浇筑

1. 混凝土浇筑要点

（1）混凝土浇筑前要进行混凝土坍落度、含气量等检查，并做好记录。

（2）应均匀连续地从模具一端开始向另一端浇筑混凝土，并应在混凝土初凝前全部完成。

（3）混凝土倾落高度不宜超过 600 mm，并应边浇筑边振捣。

（4）冬季混凝土浇筑温度不应低于 5 ℃。

（5）混凝土浇筑时应制作脱模强度试块、出厂强度试块和 28 d 强度试块等。有其他要求的，还应制作符合相应要求的试块，如抗渗试块等。

（6）混凝土浇筑时观察模板、钢筋、预埋件和预留孔洞的情况，发现有变形、移位时，应立即停止浇筑，并在已浇筑混凝土初凝前对发生变形或移位的部位进行调整后方可进行后续浇筑作业。

（7）同一个预制构件上有不同强度等级的混凝土时，浇筑前要确认部位，防止混凝土浇错位置。浇筑时要先浇筑强度高的部位，再浇筑强度低的部位，防止强度低的混凝土流入要求强度等级高的部位。

（8）为防止叠合楼板桁架筋上残留混凝土影响叠合层浇筑混凝土后钢筋连接的握裹力，叠合楼板浇筑前要对桁架筋采取保护措施，防止混凝土浇筑时对桁架筋造成污染。

2. 混凝土振捣要点

预制构件混凝土振捣与现浇混凝土振捣不同，由于套筒、预埋件多，所以要根据预制构件的具体情况选择适宜的振捣形式及振捣棒。

（1）用固定模台插入式振动棒振捣（图 2-5-23）。

①振动棒宜垂直于混凝土表面插入，快插慢拔均匀振捣。当混凝土表面无明显塌陷、不再冒气泡且有水泥浆出现时，应当结束该部位的振捣。

②振动棒与模板的距离不应大于振动棒作用半径的一半;振捣插点间距不应大于振动棒作用半径的 1.4 倍。

③需分层浇筑时,浇筑次层混凝土时,振动棒的前端应插入前一层混凝土中 20~50 mm。

④钢筋密集区、预埋件及套筒部位应当选用小型振动棒振捣,并且加密振捣点,适当延长振捣时间。

⑤反打石材、装饰面砖、装饰混凝土等墙板类预制构件振捣时应控制振动棒的插入深度,防止振动棒损伤饰面材料。

（2）流水线作业时,采用自动振动台（图 2-5-24）振捣,流水线 360° 振动台可以上下、左右、前后 360° 方向的运动使混凝土达到密实。

图 2-5-23　混凝土振动棒振捣

图 2-5-24　混凝土自动振动台

3. 浇筑混凝土的表面处理

1）压光面

混凝土浇筑振捣完成后,应用铝合金刮尺刮平表面,在混凝土表面临近面干时,对混凝土表面进行抹压至表面平整光洁（图 2-5-25）。

图 2-5-25　混凝土抹压平整

2）粗糙面

预制构件模具面要做成粗糙面可采用预涂缓凝剂工艺,脱模后采用高压水冲洗形成。预制构件浇筑面要做成粗糙面,可在混凝土初凝前进行拉毛处理（图 2-5-26）。

图 2-5-26　混凝土表面拉毛处理

3）键槽

模具面的键槽是靠模板上预设的凹凸形状模板实现的;浇筑面的键槽应在混凝土浇筑后用专用工具压制成型。

4）抹角

有些预制构件的浇筑面边角需做成 135° 抹角,如叠合板上部边角,可用内模成型或由人工抹成。

4. 信息芯片埋设

预制构件厂为了记录预制构件生产相关信息,便于追溯、管理预制构件的生产质量和进度等,在生产预制构件时将录入各项信息的芯片浅埋在构件表面下。

（1）竖向预制构件收水抹平时,将芯片埋置在浇筑面中心距楼面 60~80 cm 高处,带窗预制构件则埋置在距离窗洞下边 20~40 cm 中心处,并做好标记。脱模前将打印好的信息表粘贴于标记处,便于查找芯片埋设位置。

（2）水平预制构件一般放置在底部中心位置,将芯片粘贴固定在平台上,与混凝土整体浇筑。

（3）芯片埋置深度不应超过 2 cm,具体以芯片供应厂家提供的数据为准。

2.5.7　预制构件养护

预制构件的混凝土养护是保证预制构件质量的重要环节,应根据预制构件的各项参数要求及生产条件采用自然养护和养护窑蒸汽养护。

2.5.7.1　自然养护操作要点

自然养护可以降低预制构件的生产成本,当预制构件生产有足够的工期或环境温度能确保次日预制构件脱模强度满足要求时,应优先选用自然养护的方式进行预制构件的养护。自然养护操作规程如下。

（1）在需要养护的预制构件上盖上不透气的塑料或尼龙薄膜,处理好周边封口。

（2）必要时在上面加盖较厚的帆布或其他保温材料,减少热量散失。

（3）让预制构件保持覆盖状态,中途应定时观察薄膜内的湿度,必要时应适当淋水。

（4）直至预制构件强度达到脱模强度后方可撤去预制构件上的覆盖物,结束自然养护。

2.5.7.2　养护窑蒸汽养护

养护窑蒸汽养护适用于流水线工艺,所用养护窑如图 2-5-27 所示。其操作规程如下。

（1）预制构件入窑前,应先检查窑内温度,窑内温度与预制构件温度之差不宜超过 15 ℃且不高于预制构件蒸汽养护允许的最高温度。一般最高温度不应超过 70 ℃,夹心保温板最高养护温度不宜超过 60 ℃,梁、柱等较厚的预制构件最高养护温度宜控制在 40 ℃以内。

（2）将需要养护的预制构件连同模台一起送入养护窑内。

（3）在自动控制系统上设置好养护的各项参数。养护的最高温度应根据预制构件类型和季节等因素来设定。一般冬季养护温度可设置得高一些,夏季可设置得低一些,甚至可以不蒸养。

（4）自动控制系统应由专人操作和监控。蒸汽养护的流程:预养护—升温—恒温—降温,如图 2-5-28 所示。

（5）根据设置的参数进行预养护。

（6）预养护结束后系统自动进入蒸汽养护程序,向窑内通入蒸汽并按预设参数进行自动调控。

（7）当意外事故导致失控时,系统将暂停蒸汽养护程序并发出警报,请求人工干预。

（8）当养护主程序完成且环境温度与窑内温度差值小于 25 ℃时,蒸汽养护结束。

（9）预制构件脱模前,应再次检查养护效果,通过同条件试块抗压强度试验并结合预制构件表面状态的观察,确认预制构件是否达到脱模所需的强度。

图 2-5-27 预制构件蒸汽养护窑

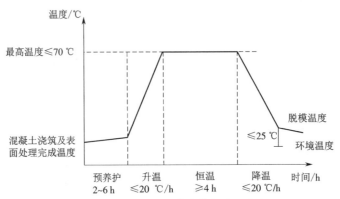

图 2-5-28 预制构件蒸汽养护流程曲线

混凝土振捣、养护、脱模、起吊

2.5.8　预制构件脱模及表面检查

2.5.8.1　预制构件脱模

1. 预制构件脱模的要求

预制构件蒸汽养护后,蒸养罩内外温差小于 20 ℃时方可进行拆模作业。构件拆模应严格按照顺序拆除模具,不得使用振动方式拆模。构件拆模时,应仔细检查确认构件与模具之间的连接部分完全拆除后方可起吊;预制构件拆模起吊时,应根据设计要求或具体生产条件确定所需的混凝土标准立方体抗压强度,并应满足下列要求。

（1）脱模混凝土强度应不小于 15 MPa。

（2）外墙板、楼板等较薄的预制构件起吊时,混凝土强度应不小于 20 MPa。

（3）梁、柱等较厚预制构件起吊时,混凝土强度不应小于 30 MPa。

（4）对于预应力预制构件及拆模后需要移动的预制构件,拆模时的混凝土立方体抗压强度应不小于混凝土设计强度的 75%。

2. 脱模的操作要点

（1）用扳手把侧模的坚固螺栓拆下,把固定磁盒磁性开关打开然后拆下,确保都拆卸完成后将边模平行向外移出,防止边模在拆卸中变形。卸磁盒使用专用工具,严禁使用重物敲打拆除磁盒。

（2）用吊车(或专用吊具)将窗模以及门模吊起,放到指定位置的垫木上。吊模具时,挂好吊钩后,所有作业人员应远离模具,听从指挥人员的指挥。

（3）拆卸下来的所有工装、螺栓、各种零件等必须放到指定位置,禁止乱放,以免丢失。

（4）将拆下的边模由两人抬起轻放到底模边上的指定位置,用木方垫好,确保侧模摆放稳固,侧模拆卸后应轻拿轻放到指定位置。

（5）模具拆卸完毕后,将底模周围打扫干净(图 2-5-29)。

（6）如遇特殊情况(如窗口模具无法脱模等),应及时向施工员汇报,禁止私自强行拆卸。

（7）构件起吊应平稳,楼板宜采用专用多点吊架进行起吊,墙板宜先采用模台翻转方式起吊,模台翻转角度不应小于 75°（图 2-5-30）,然后采用多点起吊方式脱模。复杂构件应采用专门的吊架进行起吊。

图 2-5-29　预制构件脱模

图 2-5-30　预制构件翻转

2.5.8.2 模具的清理

预制构件脱模后,一方面要检查构件表面质量,另一方面要对模具进行清理,为下一个循环做好准备。模具的洁净程度对构件的质量有直接的影响,如果不能采用合理的清洁方式,不仅会影响构件的质量,还会影响作业现场环境。

1. 固定模台清理

固定模台多为人工清理(图 2-5-31),根据模台状况可有以下几种清理方法。

(1)模台面的焊渣或焊疤,应使用角磨机将模板表面打磨平整。

(2)模台面如有混凝土残留,应首先使用钢铲去除残留的大块混凝土,之后使用角磨机上钢丝轮去除其余的残留混凝土。

(3)模台面有锈蚀、油泥时,应首先使用角磨机上钢丝轮大面积清理,之后用信纳水反复擦洗直至模台清洁。

(4)模台面有大面积的凹凸不平或深度锈蚀时,应使用大型抛光机进行打磨。

(5)模台有灰尘、轻微锈蚀时,应使用信纳水反复擦洗直至模台清洁。

图 2-5-31　模具人工清理

2. 自动流水线模台清理

自动流水线模台清理多采用自动清扫设备进行清理(图 2-5-32)。

(1)在进入清扫工位前,要提前清理掉残留的大块混凝土。

(2)进入清扫工位后,清扫设备自动下降紧贴模台,前端刮板铲除残留混凝土,后端圆盘滚刷扫掉表面浮灰,与设备相连的吸尘装置自动将灰尘吸入收尘袋。

图 2-5-32 模具自动清理

2.5.8.3 预制构件表面检查

预制构件完全脱模后,用目测、尺量方式检查构件表面问题,如外观质量、预埋件、外露钢筋、水洗面、注浆孔等。

1. 表面检查重点

(1)表面是否有蜂窝、孔洞、夹渣、疏松等情况(图 2-5-33)。

(2)表面装饰层质感是否完好。

(3)表面是否有裂缝、破损。

(4)粗糙面、键槽是否符合设计要求。

图 2-5-33 预制构件表面缺陷

2. 尺寸检查要点

(1)伸出钢筋、预埋件是否偏位。

(2)套筒是否偏位或不垂直。

(3)预留孔眼是否偏位,孔道是否歪斜。

(4)防雷引线焊接位置是否正确,是否偏位。

(5)外观尺寸及平整度是否符合要求。

2.5.9　预制构件修补及表面处理

构件脱模时,存在不影响结构性能、钢筋、预埋件或者连接件锚固的局部破损和构件表面的非受力裂缝时,可用修补浆料进行表面修补后使用。构件脱模后,构件外装饰材料出现破损也要进行修补。

2.5.9.1　普通预制构件修补

1. 缺角或边角不平的修补

（1）将缺角处已松动的混凝土凿除,并用水冲洗干净,然后用修补水泥砂浆将缺角处填补好。

（2）如缺角的厚度超过40 mm,要加钢筋,分两次或多次修补,修补时要用靠模,确保修补处与整体平面保持一致,边角线条平直。

（3）边角处不平整或线条不直的,用角磨机打磨修正,凹陷处用修补水泥腻子补平。

2. 孔洞的修补

（1）将修补部位不密实混凝土及凸出骨料颗粒仔细凿除清理干净,洞口上部向外上斜,下部方正水平为宜。

（2）用高压水及钢丝刷将基层处理干净,修补前用湿棉纱等材料将孔洞周边混凝土充分湿润。

（3）孔洞周围先涂以水泥净浆,然后用无收缩灌浆料填补并分层仔细捣实,以免新旧混凝土接触面上出现裂缝,同时将新混凝土表面抹平抹光至满足外观要求。

（4）如一次性修补不能满足外观要求,第一次修补可低于构件表面3~5 mm,待修补部位强度达到5 MPa以上时,再用表面修补材料进行表面修补。

3. 麻面的修补

麻面是指预制构件表面的麻点,对结构无影响、对外观要求不高时通常可不做处理。如需处理,方法如下。

（1）用毛刷蘸稀草酸溶液将该处脱模剂、油点或污点洗净。

（2）配备修补水泥砂浆,水泥品种必须与原混凝土一致,用细砂,最大粒径≤1 mm。

（3）修补前用水湿润表面,按刮腻子的方法,将水泥砂浆用刮板用力压入麻点处,随即刮平直至满足外观要求。

（4）表面干燥后用细砂纸打磨,修补完成后,及时覆盖保湿养护3~7 d。

4. 气泡的修补

气泡是混凝土表面不超过4 mm的圆形或椭圆形孔穴,深度一般不超过5 mm,内壁光滑。气泡的修补方法如下。

（1）将气泡表面的水泥浆凿除,使气泡完全开口,并用水将气泡孔冲洗干净。

（2）用修补水泥腻子将气泡填满抹平即可。

（3）较大气泡宜分两次修补。

5. 蜂窝的修补

预制构件上不密实混凝土的范围或深度超过 4 mm 时,小蜂窝可按麻面方法修补,大蜂窝可采用如下方法修补。

(1)将蜂窝处及周边松散部分混凝土凿除,并形成凹凸相差 5 mm 以上的粗糙面。

(2)用高压水及钢丝刷等将结合面洗净。

(3)用水泥砂浆修补,水泥品种必须与原混凝土一致,宜采用中粗砂。

(4)按照抹灰操作法,用抹子大力将砂浆压入蜂窝内,压实刮平。在棱角部位用靠尺取直,确保外观一致。

(5)表面干燥后用细砂纸打磨,修补完成后,及时覆盖保湿养护至与原混凝土一致。

6. 色差的修补

对油脂引起的假分层现象,用砂纸打磨后即可现出混凝土本色,对其他原因造成的混凝土分层,当不影响结构使用时,一般不做处理,需要处理时,用灰白水泥调制的接近混凝土颜色的浆体粉刷即可。当有软弱夹层影响混凝土结构的整体性时,按施工缝进行处理。

(1)如夹层较小,缝隙不大,可先将杂物浮渣清除,夹层面凿成 V 字形后,用水清洗干净,在潮湿无积水状态下,用水泥砂浆用力填塞密实。

(2)如夹层较大,将该部位混凝土及夹层凿除,视其性质按蜂窝或孔洞修补方法进行修补。

7. 错台的修补

(1)将错台高出部分、胀模鼓出部分凿除并清理干净,露出石子,新茬表面比预制构件表面略低,并稍微凹陷成弧形。

(2)用水将新茬面冲洗干净并充分湿润,在基层处理完后,先涂以水泥净浆,再用干硬性水泥砂浆自下而上按照抹灰操作法用力将砂浆刮压在结合面上,反复刮压。修补用水泥品种应与原混凝土一致,并用中粗砂,必要时掺拌白水泥,以保证混凝土色泽一致。为使砂浆与混凝土表面结合良好,抹光后的砂浆表面应覆盖塑料薄膜养护,并用支撑模板顶紧压实。

8. 空鼓的修补

(1)在预制构件空鼓处挖小坑槽,将混凝土压入直至饱满、无空鼓声为止。

(2)如预制构件空鼓严重,可在预制构件上钻孔,按二次灌浆法将混凝土压入。

2.5.9.2 有饰面材料预制构件的修补

有饰面材料预制构件的表面如果出现破损,修补很困难,而且不易达到原来的效果,因此,应该加强成品保护,万一出现破损,可按下列方法修补。

1. 饰面材料开裂的修补

发生饰面材料(如石材或瓷砖)开裂时,原则上要更换重贴,但实施前应与业主、监理等协商并得到认可后再施工。

2.饰面材料掉角的修补

当饰面材料掉角小于 5 mm × 5 mm 时,在业主、监理同意修补的前提下,用环氧树脂修补剂及指定涂料进行修补。

3.饰面瓷砖的更换

(1)将需要更换瓷砖的周围切开,凿除整块瓷砖后清洁破断面,用钢丝刷刷除碎屑,用刷子等仔细清洗。用刀把瓷砖缝中的多余部分去除,尽量不要出现凹凸不平的情况。

(2)在更换瓷砖背面及破断面上涂刷速效黏结剂,涂层厚为 5 mm 以下,然后将瓷砖粘贴到破断面上,施工时要防止出现空隙。

(3)速效黏结剂硬化后,缝格部位用砂浆勾缝,缝的颜色及深度要和原缝隙部位吻合。

2.5.9.3 预制构件裂缝的修补

预制构件出现裂缝现象后,预制构件厂技术人员、驻厂监理应一同对裂缝情况进行分析判断,如果确定可以进行修补,需要制定相应的修补方案,并按照方案进行修补。

修补前,必须将表面上的凸起、疙瘩以及起壳、分层等疏松部位铲除,对裂缝处混凝土表面进行预处理,除去基层表面上的浮灰、水泥浮浆、反霜、油渍和污垢等,并用水冲洗干净,干燥后按处理方案进行修补。

1.收缩裂缝的修补

对于细微的收缩裂缝,可向裂缝注入水泥净浆,填实后覆盖养护;或对裂缝加以清洗,干燥后涂刷两遍环氧树脂净浆进行表面封闭。

对于较深的收缩裂缝,应用环氧树脂净浆注浆后表面再加刷建筑胶黏剂进行封闭。

2.龟裂的修补

首先要清洗预制构件表面,不能有灰尘残留,再用海绵涂抹水泥腻子进行修补,凝结后再用细砂纸打磨光滑。

3.不贯通裂缝的修补

首先要在裂缝处凿出 V 形槽,并将 V 形槽清理干净,用与预制构件强度相当的水泥砂浆或混凝土进行修补,修补后要把残余修补料清理干净。待修补处强度达到 5 MPa 以上后再用水泥腻子进行表面处理。

4.贯通裂缝的修补

首先要将裂缝处整体凿开,清理干净,用无收缩灌浆料或水泥砂浆进行修补,也可在裂缝处用环氧树脂进行修补,环氧树脂要用注浆设备来操作,注射完成后再用水泥腻子进行表面处理。

2.5.9.4 预制构件的表面处理

预制构件的表面处理是指对清水混凝土、装饰混凝土和带饰面材的预制构件进行表面处理,以达到自清洁、耐久和美观的效果。

1. 清水混凝土预制构件的表面处理

（1）擦去浮灰，有油污的地方可采用清水或质量分数 5% 的磷酸溶液进行清洗。

（2）用干抹布将清洗部位表面擦干，观察清洗效果。

（3）如果需要，可以在清水混凝土预制构件表面涂刷混凝土保护剂，保护剂的涂刷是为了增加自洁性，减少污染。保护剂一般是在施工现场预制构件安装后进行涂刷。

2. 装饰混凝土预制构件的表面处理

（1）用清水冲洗预制构件表面。

（2）用刷子均匀地将质量分数低于 5% 的盐酸溶液涂刷到预制构件表面，10 min 后，用清水把盐酸溶液冲洗干净。

（3）如果需要，干燥后可以涂刷防护剂。

3. 带饰带面材预制构件的表面处理

带饰面材预制构件包括石材反打预制构件、装饰面砖反打预制构件等。带饰面材预制构件表面清洁通常使用清水清洗，清水无法清洗干净的情况下，再用低浓度磷酸清洗。

外墙板的制作过程

2.5.10　预制构件成品防护及标识

成品防护是指为了保证任意工序成果免受其他工序施工的破坏而采取的整体规划措施或方案。在构件制作过程中，应尽可能防止各工序之间相互影响、相互污染，最大限度地减少构件磕碰损伤。以下主要介绍预制构件在脱模与起吊时的防护。

2.5.10.1　预制构件的防护

1. 一般要求

（1）混凝土强度能否满足 15 MPa 强度的拆模要求，不满足条件应继续养护。

（2）构件移动应用手扶持（或手拉导引绳）运送至中转区，注意避开行进方向的障碍物，防止构件发生碰撞。

（3）构件与构件、构件与其他刚性物体接触面应用柔性材料隔开，防止发生碰磕损伤。

2. 墙板构件

（1）拆除模具连接螺栓（含门窗木砖螺钉），应特别注意特定的构件保温板模具外侧有

M12 固定螺栓,应预先拆除。

（2）不得随意踩踏构件,拆模时严禁使用大锤等重物撞击模具,防止模具变形。

（3）需要撬别模具时,使用角铁防护工具,防止构件破损。

（4）针对 L 形模具的起吊,L 形角点位置应设置吊点,防止发生倾斜碰撞造成损伤。

（5）检查吊具,根据构件吊点移动型钢扁担上的吊钩,穿鸭嘴口,将防脱钩悬垂重物置于构件上表面。

（6）启动侧翻台,使其上升速度尽量与行车南向移动速度一致,直至构件与水平线夹角为 80° 停止。不得采用平吊法。

（7）启动行车,以较小的初始速度让构件脱离胎模。

（8）拆除磁固定座及各洞口泡沫（难以清理的用松香水涂刷）。

3. 异型构件

（1）对于满足拆模要求的构件,先拆除预埋件工装螺丝,再拆除各边模连接螺栓,应特别注意特定的构件预埋工装螺丝的拆除。

（2）检查吊具,根据阳台板、空调板吊点移动型钢扁担上的吊钩,穿鸭嘴口。针对 L 形模具的起吊,L 形角点位置应设置吊点,防止发生倾斜碰撞造成损伤。

（3）预制混凝土模板（PCF）构件先用侧立吊点慢速启动,使构件脱模后,两吊点同时受力,慢速翻转 PCF 构件,立直后转运至专用插放架。

（4）电表间隔墙板鸭嘴口应卡放在保护角铁上,再慢速翻转起吊构件,转运至专用插放架上。

4. 楼板构件

（1）正确选择吊点,宽度超过 2 m、长度超过 3 m 的构件必须 8 点平衡起吊。

（2）如因脱模剂漏喷等原因造成起吊困难,应采取侧部微动,构件与模台分离后再起吊。

2.5.10.2 预制构件的标识

预制构件生产企业应按照有关标准规定或合同要求,对其供应的产品签发产品质量证明书,明确重要参数,有特殊要求的产品还应提供安装说明书。

预制构件检查合格后,应在构件上设置表面标识（图 2-5-34）。标识内容包括构件编号、制作日期、合格状态、生产单位和监理签章等信息。标识位置应便于检查。标识可采用手写、喷涂、印戳方式,也可事先打印卡片预埋或粘贴在构件表面。预制构件生产单位可根据工程情况,采用预埋芯片的方法,标识预制构件的产品信息。

图 2-5-34　预制构件标识

预制构件制备实例

国外预制构件制备实例

习题及答案

一、填空题

1. 预制构件钢筋加工包括(　)、(　)、(　)、(　)。

2. 模具应具有足够的承载力、(　)和(　),保证在构件生产时能可靠承受浇筑混凝土的重量、侧压力及工作荷载。

3. 流动模台及自动流水线模台清理多采用(　)进行清理。

4. 脱模剂有很多种,用于混凝土预制构件的脱模剂通常包括(　)和(　)。

5. 钢筋入模分为钢筋(　)和钢筋(　)两种方式。

6. 预制构件预埋件入模时常用的线盒固定方式有(　)式、(　)式、(　)式、(　)式等。

7. 当预埋件与主筋发生冲突时,可(　)避让或联系设计单位给出方案。

8. 隐蔽工程验收的主要内容包括饰面、(　)、(　)、(　)、预埋件及金属波纹管等。

9. 隐蔽工程验收的程序包括(　)、(　)、(　)、(　)。

10. 预制构件的混凝土养护是保证预制构件质量的重要环节,应根据预制构件的各项参数要求及生产条件采用(　)养护和(　)养护。

11. 预制构件完全脱模后,用( )、( )方式检查构件表面问题。

二、选择题

1. 钢筋做不大于 90° 的弯折时,弯折处的弯弧内直径不应小于钢筋直径的( )倍。

A.2　　　　　　　　B.5　　　　　　　　C.8　　　　　　　　D.10

2. 预制构件生产中,所谓的高大立模一般指模具高度超过( )m 的模具。

A.2.5　　　　　　　B.3.0　　　　　　　C.5.0　　　　　　　D.5.5

3. 涂刷缓凝剂的模具,必须( )完成混凝土浇筑。

A. 马上　　　B. 在干燥后　　　C. 在规定的有效时间内　　　D. 几天后

4. 钢筋骨架整体吊运时,宜采用( )吊运,避免单点斜拉导致骨架变形。

A. 吊架多点水平　B. 吊架多点垂直　C. 吊架两点水平　　D. 都可以

5. 钢筋间隔件的数量,应根据配筋密度、主筋规格、作业要求等综合考虑,一般每平方米范围内不宜少于( )个。

A.2　　　　　　　　B.5　　　　　　　　C.8　　　　　　　　D.9

6. 预埋件应逐个安装完成后再( )紧固到位。

A. 逐个　　　B. 一次性　　　C. 分 2 次　　　　D. 分次

7. 预制构件制备时在混凝土浇筑前,要检测混凝土的( )。

A. 坍落度　　　B. 强度　　　C. 泌水性　　　　D. 密度

8. 预制构件制备中混凝土浇筑时,混凝土倾落高度不宜超过( )mm,并应边浇筑边振捣。

A. 200　　　　　　B.500　　　　　　C.600　　　　　　D.800

9. 预制构件需分层浇筑时,浇筑次层混凝土时,振动棒的前端应插入前一层混凝土中( )mm。

A.10~20　　　　　B.20~30　　　　　C.10~50　　　　　D.20~50

10. 当养护主程序完成且环境温度与窑内温度差值小于( )℃时,蒸汽养护结束。

A.20　　　　　　　B.25　　　　　　　C.30　　　　　　　D.50

11. 如缺角的厚度超过( )mm 时,要加钢筋,分两次或多次修补,修补时要用靠模,确保修补处与整体平面保持一致,边角线条平直。

A.20　　　　　　　B.25　　　　　　　C.40　　　　　　　D.50

12. 清水混凝土预制构件表面处理时,要先擦去浮灰,有油污的地方可采用清水或质量分数 5% 的( )溶液进行清洗。

A. 磷酸　　　　　B. 盐酸　　　　　C. 硝酸　　　　　D. 硫酸

三、简答题

1. 预制构件生产前在模具上涂刷缓凝剂的作用是什么?

2. 简述预制构件防护的一般要求。

3. 有饰面材料预制构件的饰面瓷砖的更换方法是什么?

4. 预制构件的混凝土浇筑可分为哪几种?

习题答案

项目 3 装配式混凝土预制构件存放与运输

任务 3.1　装配式混凝土预制构件存放

预制构件存放是预制构件制作过程的一个重要环节,造成预制构件断裂、裂缝、翘曲、倾倒等质量和安全问题的一个很重要的原因就是存放不当。所以,对预制构件的存放作业一定要给予高度的重视。本任务中,我们介绍预制构件存放方式及要求,预制构件存放场地要求,插放架、靠放架、垫方、垫块要求和预制构件存放的防护。

3.1.1　预制构件存放方式及要求

预制构件一般按品种、规格、型号、检验状态分类存放,不同的预制构件存放的方式和要求也不一样,以下给出常见预制构件存放的方式及要求。

1. 叠合楼板存放方式及要求

(1)叠合楼板宜平放,叠放层数不宜超过 6 层。存放叠合楼板应按同项目、同规格、同型号分别叠放(图 3-1-1),叠合楼板不宜混叠,如果确需混叠应进行专项设计,避免造成裂缝等。

图 3-1-1　相同规格、型号的叠合楼板叠放实例

(2)一般叠合楼板存放时间不宜超过 2 个月,当需要长期(超过 3 个月)存放时,存放期间应定期监测叠合楼板的翘曲变形情况,发现问题及时采取纠正措施。

(3)存放时应该根据存放场地情况和发货要求进行合理的安排,如果存放时间比较长,就应该将同一规格、同型号的叠合楼板存放在一起;如果存放时间比较短,就应该将同一楼层和接近发货时间的叠合楼板按同规格、同型号叠放的方式存放在一起。

（4）叠合楼板存放要保持平稳，底部应放置垫木或混凝土垫块，垫木或垫块应能承受上部所有荷载而不致损坏。垫木或垫块厚度应高于吊环或支点。

（5）叠合楼板叠放时，各层支点在纵横方向上均应在同一垂直线上（图3-1-2），支点位置设置应符合下列原则。

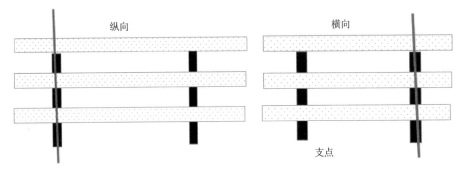

图3-1-2　叠合楼板各层支点在纵横方向垂直线上的示意图

①设计给出了支点位置或吊点位置的，应以设计给出的位置为准。此位置由于某些原因不能设为支点时，宜在以此位置为中心、不超过叠合楼板长宽各1/20半径范围内寻找合适的支点位置，见图3-1-3。

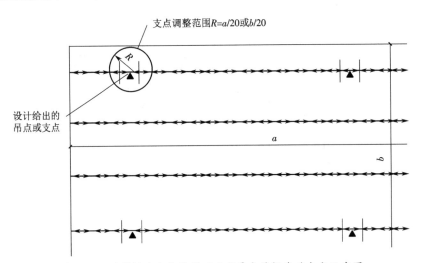

图3-1-3　设计给出支点位置时确定叠合楼板存放支点示意图

②设计未给出支点或吊点位置的，宜在叠合楼板长度和宽度方向1/5~1/4的位置设置支点（图3-1-4）。形状不规则的叠合楼板，其支点位置应经计算确定。

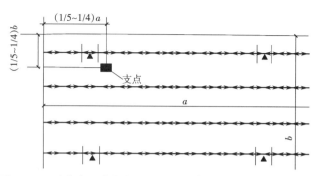

图 3-1-4 　 设计未给出支点位置时确定叠合楼板存放支点示意图

③当采用多个支点存放时,建议按图 3-1-5 设置支点。这时应确保全部支点的上表面在同一平面上(图 3-1-6),一定要避免边缘支垫低于中间支垫,导致形成过长的悬臂,从而形成较大的负弯矩产生裂缝;且应保证各支点固定,不得出现压缩或沉陷等现象。

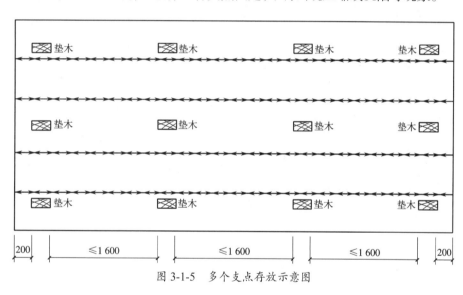

图 3-1-5 　 多个支点存放示意图

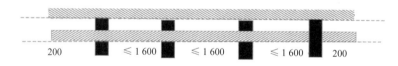

图 3-1-6 　 多个支点的上表面应在同一高度

(6)当存放场地地面的平整度无法保证时,最底层叠合楼板下面禁止使用木条通长整垫,避免因中间高两端低导致叠合楼板断裂。

(7)叠合楼板上不得放置重物或施加外部荷载,如果长时间这样做将造成叠合楼板的明显翘曲。

(8)因场地等原因,叠合楼板必须叠放超过 6 层时要注意两点。

①要进行结构复核计算。

②防止应力集中,导致叠合楼板局部产生细微裂缝,这种裂缝存放时未必能发现,在使用时会出现,造成了安全隐患。

2. 楼梯存放方式及要求

(1)楼梯宜平放,叠放层数不宜超过4层,应按同项目、同规格、同型号分别叠放。

(2)应合理设置垫块位置,确保楼梯存放稳定,支点与吊点位置须一致,见图3-1-7。

(3)起吊时防止端头磕碰,见图3-1-8。

图 3-1-7　楼梯支点位置

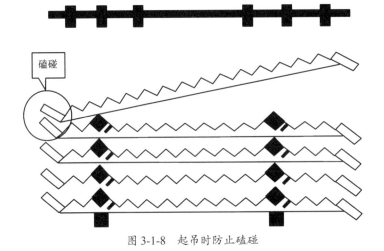

图 3-1-8　起吊时防止磕碰

（4）楼梯采用侧立存放方式（图3-1-9）时应做好防护,防止倾倒;同时,存放层数不宜超过2层。

图 3-1-9　楼梯侧立存放

3. 内外剪力墙板、外挂墙板存放方式及要求

（1）对侧向刚度差、重心较高、支承面较窄的预制构件,如内外剪力墙板、外挂墙板等预制构件宜采用插放或靠放的存放方式。

（2）插放即采用存放架立式存放,存放架及支撑挡杆应有足够的刚度,应靠稳垫实,见图3-1-10。

图 3-1-10　插放法存放的外墙板

（3）当采用靠放架立放预制构件时,靠放架应具有足够的承载力和刚度,靠放架应放平稳,靠放时必须对称靠放和吊运,预制构件与地面的倾斜角度宜大于80°,预制构件上部宜用木块隔开,见图3-1-11。靠放架的高度应为预制构件高度的2/3以上,见图3-1-12。 有饰面的墙板采用靠放架立放时饰面需朝外。

（4）预制构件采用立式存放时,薄弱预制构件、预制构件的薄弱部位和门窗洞口应采取防止变形开裂的临时加固措施。

图 3-1-11　靠放法存放的外墙板

图 3-1-12　靠放法使用的靠放架

4. 梁和柱存放方式及要求

（1）梁和柱宜平放,具备叠放条件的,叠放层数不宜部过3层。

（2）宜用枕木（或木方）作为支撑垫木，支撑垫木应置于吊点下方（单层存放）或吊点下方的外侧（多层存放）。

（3）两个枕木（或木方）之间的距离不小于叠放高度的 1/2。

（4）各层枕木（或木方）的相对位置应在同一条垂直线上。如图 3-1-13 所示，上层支撑点位于下层支撑点边缘，造成梁上部开裂。

图 3-1-13 上层支撑点位于下层支撑点边缘，造成梁上部开裂

（5）叠合梁最合理的存放方式是两点支撑，不建议多点支撑。当不得不采用多点支撑时，应先以两点支撑就位放置稳妥后，再在梁底需要增设支点的位置放置垫块并撑实或在垫块上用木楔塞紧。如图 3-1-14 所示，三点支撑时中间高，造成梁上部开裂。

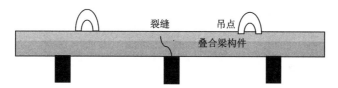

图 3-1-14 三点支撑中间高，造成梁上部开裂

5. 其他预制构件存放方式及要求

（1）规则平板式的空调板、阳台板等板式预制构件存放及要求参照叠合楼板存放方式及要求。

（2）不规则的阳台板、挑檐板、曲面板等预制构件应采用单独平放的方式存放。

（3）飘窗应采用支架立式存放或加支撑、拉杆稳固的方式。

（4）梁柱一体三维预制构件存放应当设置防止倾倒的专用支架。

（5）L 形预制构件的存放可参见图 3-1-15 和图 3-1-16。

（6）槽形预制构件的存放可参见图 3-1-17。

（7）大型预制构件、异型预制构件的存放须按照设计方案执行。

（8）预制构件的不合格品及废品应存放在单独区域，并做好明显标识，严禁与合格品混放。

图 3-1-15　L 形预制构件存放实例（一）

图 3-1-16　L 形预制构件存放实例（二）

图 3-1-17　槽形预制构件的存放实例

3.1.2　预制构件存放场地要求

（1）存放场地应在门式起重机可以覆盖的范围内。

（2）存放场地布置应当方便运输预制构件的大型车辆装车和出入。

（3）存放场地应平整、坚实，宜采用硬化地面或草皮砖地面。

（4）存放场地应有良好的排水措施。

（5）存放预制构件时要留出通道，不宜密集存放。

（6）存放场地宜根据工地安装顺序分区存放预制构件。

（7）存放库区宜实行分区管理和信息化管理。

3.1.3　靠架、垫块要求

预制构件存放时，根据不同的预制构件类型采用插放架、靠放架、垫方或垫块来固定和支垫。

（1）插放架、靠放架以及一些预制构件存放时使用的托架应由金属材料制成，插放架、靠放架、托架应进行专门设计，其强度、刚度、稳定性应能满足预制构件存放的要求。

（2）插放架、靠放架的高度应为所存放预制构件高度的 2/3 以上（图 3-1-12）。

（3）插放架的挡杆应坚固、位置可调且有可靠的限位装置；靠放架底部横档上面和上横杆外侧面应加 5 mm 厚的橡胶皮。

（4）枕木（木方）宜选用质地致密的硬木，常用于柱、梁等较重预制构件的支垫，要根据预制构件重量选用适宜规格的枕木（木方）。

（5）垫木多用于楼板等平层叠放的板式预制构件及楼梯的支垫,垫木一般采用 100 mm × 100 mm 的木方,长度根据具体情况选用,板类预制构件宜选用长度为 300~500 mm 的木方, 楼梯宜选用长度为 400 ~ 600 mm 的木方。

（6）如果用木板支垫叠合楼板等预制构件,木板的厚度不宜小于 20 mm。

（7）混凝土垫块可用于楼板、墙板等板式预制构件平叠存放的支垫,混凝土垫块一般为尺寸不小于 100 mm 的立方体,垫块的混凝土强度等级不宜低于 C40。

（8）放置在垫方与垫块上面用于保护预制构件表面的隔垫软垫,应采用白橡胶皮等不会掉色的软垫。

3.1.4　预制构件存放的防护

（1）预制构件存放时相互之间应有足够的空间,防止吊运、装卸等作业时相互碰撞造成损坏。

（2）预制构件外露的金属预埋件应镀锌或涂刷防锈漆,防止锈蚀及污染预制构件。

（3）预制构件外露钢筋应采取防弯折、防锈蚀措施,对已套丝的钢筋端部应盖好保护帽以防碰坏螺纹,同时起到防腐、防锈的效果。

（4）预制构件外露保温板应采取防止开裂措施。

（5）预制构件的钢筋连接套筒、浆锚孔、预埋件孔洞等应采取防止堵塞的临时封堵措施。

（6）预制构件存放支撑的位置和方法,应根据其受力情况确定,但不得超过预制构件承载力而造成预制构件损伤。

（7）预制构件存放处 2 m 内不应进行电焊、气焊、油漆喷涂等作业,以免对预制构件造成污染。

（8）预制墙板门框、窗框表面宜采用塑料贴膜或者其他措施进行防护;预制墙板门窗洞口线角宜用槽形木框保护。

（9）清水混凝土预制构件、装饰混凝土预制构件和有饰面材的预制构件应制定专项防护措施方案,全过程进行防尘、防油、防污染、防破损;棱角部分可采用角形塑料条进行保护。

（10）清水混凝土预制构件、装饰混凝土预制构件和有饰面材的预制构件平放时要对垫木、垫方、枕木（或木方）等与预制构件接触的部分采取隔垫措施。

①长形枕木（或木方）等可以使用 PVC（聚氯乙烯）布包裹。

②垫木或混凝土垫方可以在与预制构件接触的一面放置白橡胶皮等隔垫软垫。

（11）当预制构件与垫木需要线接触或锐角接触时,要在垫木上方放置泡沫等松软材质的隔垫。

（12）预制构件露骨料粗糙面冲洗完成后送入存放场地前应对灌浆套筒的灌浆孔和出浆孔进行透光检查,并清理灌浆套筒内的杂物。

（13）冬季生产和存放的预制构件的非贯穿孔洞应采取措施防止雨雪水进入,避免发生冻胀损坏。

（14）预制构件在驳运、存放过程中起吊和摆放时,需轻起慢放,避免损坏。

习题及答案

一、选择题

1. 预制构件的存放应符合( )。

A. 存放构件的场地应平整坚实,并有防、排水设施

B. 存放构件时,应按构件的刚度及受力情况确定存放方式。最下层构件与地面之间应留有一定空隙

C. 构件应稳定码垛在垫木上,吊环向上,标记向外

D. 水平分层存放构件的码垛高度,应按构件的强度及码垛的稳定性确定。层与层之间应以垫木隔开,垫木应放在规定支点处,并在同一垂直线上

2. 叠合楼板存放要求中,下面( )说法正确。

A. 宜平放,叠放层数不宜超过 6 层

B. 存放叠合楼板应按同项目、同规格、同型号分别叠放

C. 叠合楼板不宜混叠,如果确需混叠应进行专项设计,避免造成裂缝等

D. 一般叠合楼板存放时间不宜超过 2 个月,当需要长期(超过 3 个月)存放时,存放期间应定期监测叠合楼板的翘曲变形情况,发现问题及时采取纠正措施

二、简答题

1. 简述梁和柱存放方式及要求。

2. 简述预制构件存放的防护注意事项。

3. 简述预制构件存放场地要求。

习题答案

任务 3.2　装配式混凝土预制构件运输

预制构件通常在工厂内预制完成,存放在堆场,然后运输至施工现场进行安装。若存放及运输环节构件发生损坏将对工期和成本造成不良影响,因此合理存放构件并安全保质地运输到施工现场是一道至关重要的工序。

装配式预制构件运输及堆放

3.2.1　预制构件运输方式

3.2.1.1　预制构件运输的准备工作

预制构件运输的准备工作包括制定运输方案、设计并制作运输架、验算构件强度、清查构件及查看运输路线等。

(1)制定运输方案:此环节需要根据运输构件实际情况,装卸车现场、运输成本及运输路线的情况,施工单位或当地的起重机械和运输车辆的供应条件以及经济效益等因素综合考虑,最终选定运输方法、起重机械(装卸构件用)、运输车辆和运输路线。

预制构件的运输首先应考虑公路管理部门的要求和运输路线的实际情况,以满足运输安全为前提。装载构件后,货车的总宽度不超过 2.5 m,货车总高度不超过 4.0 m,总长度不超过 15.5 m。一般情况下,货车总重量不超过汽车的允许载重,且不得超过 40 t。特殊构件经过公路管理部门的批准并采取措施后,货车总宽度不超过 3.3 m,总高度不超过 4.2 m,总长度不超过 24 m,总载重不超过 48 t。图 3-2-1 所示为预制构件运输车辆。

图 3-2-1 预制构件运输车辆

（2）设计并制作运输架：根据构件的重量和外形尺寸进行设计制作，且尽量考虑运输架的通用性。图 3-2-2 所示为不同形式的运输架。

墙板运输架

叠合板运输架

图 3-2-2 不同形式的运输架

（3）验算构件强度：对钢筋混凝土屋架和钢筋混凝土柱子等构件，根据运输方案所确定的条件，验算构件在最不利截面处的抗裂性能，避免在运输中出现裂缝，如有出现裂缝的可能，应进行加固处理。

（4）清查构件：清查构件的型号，核算构件的质量和数量，有无加盖合格印和出厂合格证书等。

（5）查看运输路线：组织包括司机在内的有关人员查看道路情况、沿途上空有无障碍物、公路桥的允许负荷量、通过的涵洞净空尺寸等。如不能满足车辆顺利通行的要求，应及时采取措施。此外，应注意沿途道路是否横穿铁道，如有应查清火车通过道口的时间，以免发生交通事故。

运输道路要求

3.2.1.2 预制构件运输方式

预制构件的运输宜选用低底盘平板车(13 m 长)或低底盘加长平板车(17.5 m 长)。预制构件运输方式有立式运输和水平运输两种方式。

1. 立式运输方式

立式运输方式:在低底盘平板车上根据专用运输架情况,墙板对称靠放或插放在运输架上。此法适用于内、外墙板等竖向预制构件的运输,如图 3-2-3 及图 3-2-4 所示。

立式运输方式的优点是装卸方便、装车速度快、运输时安全性较好;缺点是预制构件的高度或运输车底盘较高时可能会超高,在限高路段无法通行。

图 3-2-3　墙板靠放立式运输

图 3-2-4　墙板插放立式运输

2. 水平运输方式

水平运输方式:将预制构件单层平放或叠层平放在运输车上进行运输。

叠合楼板、阳台板、楼梯及梁、柱等预制构件通常采用水平运输方式,见图 3-2-5、图 3-2-6。

图 3-2-5　叠合楼板水平运输

图 3-2-6　楼梯水平运输

梁、柱等预制构件叠放层数不宜超过 3 层;预制楼梯叠放层数不宜超过 5 层;叠合楼板等板类预制构件叠放层数不宜超过 6 层。

水平运输方式的优点是装车后重心较低、运输安全性好、一次能运输较多的预制构件;缺点是对运输车底板平整度及装车时支垫位置、支垫方式以及装车后的封车固定等要求较高。

此外,对于异型预制构件和大型预制构件,须按设计要求确定可靠的运输方式,如图 3-2-7 和图 3-2-8 所示。

图 3-2-7　大型梁的运输

图 3-2-8　异型构件的立式运输

3.2.2　预制构件装卸操作要求

3.2.2.1　预制构件装车基本要求

1. 装卸前准备

(1)首次装车前应与施工现场预先沟通,确认现场有无预制构件存放场地。如构件从车上直接吊装到作业面,装车时要精心设计和安排,按照现场吊装顺序来装车,先吊装的构件要放在外侧或上层。

（2）预制构件的运输车辆应满足构件尺寸和载重要求,避免超高、超宽、超重。当构件有伸出钢筋时,装车超宽超长复核时应考虑伸出钢筋的长度。

（3）预制构件装车前应根据运输计划合理安排装车构件的种类、数量和顺序。

（4）进行装卸时应有技术人员在现场指导作业。

预制构件运输装车顺序

2. 装卸要求

（1）凡需现场拼装的构件应尽量将构件成套装车或按安装顺序装车以便于现场拼装。

（2）构件起吊时应拆除与相邻构件的连接,并将相邻构件支撑牢固。

（3）对大型构件,宜采用龙门吊或行车吊运。当构件采用龙门吊装车时,起吊前吊装工须检查吊钩是否挂好,构件中的螺丝是否拆除等,避免影响构件的起吊安全。

（4）构件从成品堆放区吊出前,应根据设计要求或强度验算结果,在运输车辆上支设好运输架。

（5）外墙板宜采用竖直立放运输方式,支架应与车身连接牢固,墙板饰面层应朝外,构件与支架应连接牢固。

（6）楼梯、阳台、预制楼板、短柱、预制梁等小型构件以水平运输为主,装车时支点搁置要正确,位置和数量应按设计要求确定。

（7）构件起吊运输或卸车堆放时,吊点的设置和起吊方法应按设计要求和施工方案确定。

（8）运输构件的搁置点:一般等截面构件在长度 1/5 处;板的搁置点在距端部 200~300 mm 处;其他构件视受力情况确定,搁置点宜靠近节点处。

（9）构件装车时应轻吊轻落,左右对称放置在车上,保持车上荷载分布均匀;卸车时按后装先卸的顺序进行,保持车身和构件稳定。构件装车安排应尽量将质量大的构件放在运输车辆前端或中央部位,质量小的构件则放在运输车辆的两侧。应尽量降低构件重心,确保运输车辆平稳、行驶安全(图 3-2-9)。

装车准备

构件装车

图 3-2-9　预制构件装车

3.2.2.2　具体构件的装卸要求

1. 预制墙板

预制墙板装车时,先将车厢上的杂物清理干净,然后根据所需运输构件的情况,往车上配备人字形堆放架,堆放架底端应加设黑胶垫,构件吊运时应注意不能折弯外伸钢筋。装车时应先装车头部位的堆放架,再装车尾部位的堆放架,每架可叠放 2~4 块,墙板与墙板之间须用泡沫板隔离,以防墙板在运输途中因震动而受损。

2. 预制叠合板

（1）叠合板吊装时应慢起慢落,避免与其他物体相撞。应保证起重设备的吊钩位置、吊具及构件重心在垂直方向上重合,吊索与构件水平夹角不宜小于 60°,不应小于 45°。当采用六点吊装时,应采用专用吊具,吊具应具有足够的承载能力和刚度。

（2）预制叠合板采用叠层平放的运输方式,叠合板之间应用垫木隔离,垫木应上下对齐,垫木尺寸（长、宽、高）不宜小于 100 mm。

（3）叠合板两端（至板端 200 mm）及跨中位置均设置垫木且间距不大于 1.6 m。

（4）不同板号的叠合板应分别码放,码放高度不宜大于 6 层。

3. 预制楼梯

（1）预制楼梯采用叠合平放方式运输,预制楼梯之间用垫木隔离,垫木应上下对齐,垫木尺寸（长、宽、高）不宜小于 100 mm,最下面一根垫木应通长设置。

（2）不同型号的预制楼梯应分别码放,码放高度不宜超过 5 层。

（3）预制楼梯间绑扎牢固,防止构件移动,楼梯边部或与绳索接触处的混凝土,采用衬垫加以保护。

4. 预制阳台板

（1）预制阳台板运输时,底部采用木方作为支撑物,支撑应牢固,不得松动。

（2）预制阳台板封边高度为 800 mm、1 200 mm 时,宜采用单层放置。

（3）预制阳台板运输时,应采取防止构件损坏的措施,防止构件移动、倾倒、变形等。

3.2.3 预制构件运输封车固定要求

预制构件的运输可采用低平板半挂车或专用运输车,并根据构件的种类而采取不同的固定方式,楼板采用平面堆放式运输,墙板采用斜卧式运输或立式运输,异型构件采用立式运输。

(1)预制构件运输时要采取防止构件移动、倾倒或变形的固定措施,构件与车体或架子要用封车带绑在一起。

(2)预制构件有可能移动的空间要用聚苯乙烯板或其他柔软材料进行隔垫,保证车辆急转弯、紧急制动、上坡、颠簸时构件不移动、不倾倒、不磕碰。

(3)宜采用木方作为垫方,木方上应放置白色胶皮,以防滑移及防止预制构件垫方处造成污染或破损。

(4)预制构件相互之间要留出间隙,构件之间、构件与车体之间、构件与架子之间要有隔垫,以防在运输过程中构件受到摩擦及磕碰。设置的隔垫要可靠,并有防止隔垫滑落的措施。

(5)竖向薄壁预制构件须设置临时防护支架。固定构件或封车绳索接触的构件表面要有柔性并不会造成污染的隔垫。

(6)有运输架子时,托架、靠放架、插放架应进行专门设计,要保证架子的强度、刚度和稳定性,并与车体固定牢固。

(7)采用靠放架立式运输时,预制构件与车底板面倾斜角度宜大于80°,构件底面应垫实,构件与底部支垫不得形成线接触。构件应对称靠放,每侧不超过2层,构件层间上部需采用木垫块隔离,木垫块应有防滑落措施。

(8)采用插放架立式运输时,应采取防止预制构件倾倒的措施,预制构件之间应设置隔离垫块。

(9)夹心保温板采用立式运输时,支承垫方、垫木的位置应设置在内、外叶板的结构受力一侧。如夹心保温板自重由内叶板承受,应将存放、运输、吊装过程中的搁置点设于内叶板一侧(承受竖向荷载一侧),反之亦然。

(10)对于立式运输的预制构件,由于重心较高,要加强固定措施,可以采取在架子下部增加沙袋等配重措施,确保运输的稳定性。

(11)对于超高、超宽、形状特殊的大型预制构件的装车及运输应制定专门的安全保障措施。

习题及答案

一、填空题

1.预制构件运输的准备工作包括( )、( )、( )、( )及( )等。

2.预制构件运输方式有( )和( )两种方式。

3. 当预制构件需要在车上吊装时,装车时按照现场吊装顺序来装车,先吊装的构件要放在(　　)或(　　)。

4. 楼梯、阳台、预制楼板、短柱、预制梁等小型构件以(　　　　)为主。

5. 预制构件有可能移动的空间要用(　　　　)或其他柔软材料进行隔垫。

二、选择题

1. 预制构件运输时,一般情况下装载构件后,货车的总宽度不超过 2.5 m,货车总高度不超过(　　)m。

A. 2.5 　　　　　　　　B. 4.0 　　　　　　　　C. 5.0 　　　　　　　　D. 6.0

2. 预制楼梯叠放层数不宜超过(　　)层。

A. 2 　　　　　　　　B. 4 　　　　　　　　C. 5 　　　　　　　　D. 6

3. 宜采用木方作为垫方,木方上应放置(　　)胶皮,以防滑移及防止预制构件垫方处造成污染或破损。

A. 白色 　　　　　　　　B. 黑色 　　　　　　　　C. 黄色 　　　　　　　　D. 红色

4. 采用靠放架立式运输时,预制构件与车底板面倾斜角度宜大于(　　　)。

A. 60° 　　　　　　　　B. 70° 　　　　　　　　C. 80° 　　　　　　　　D. 90°

5. 叠合板两端(至板端 200 mm)及跨中位置均设置垫木且间距不大于(　　　)m。

A. 1.6 　　　　　　　　B. 2.0 　　　　　　　　C. 2.6 　　　　　　　　D. 3.0

三、简答题

1. 简述立式运输方式的优缺点。

2. 简述水平运输方式的优缺点。

3. 简述预制楼梯的装卸要求。

习题答案

项目 4　装配式混凝土预制构件质量和安全管理

知识目标

了解装配式混凝土预制构件前期准备、生产加工、成品检验等环节中的质量检验，通过预制构件的原材料进场检验、构件制作过程中的质量检验和构件成品检验进行质量把关；掌握装配式混凝土预制构件的质量管理、安全生产管理以及预制构件的质量检验。

能力目标

能进行预制构件的质量检验、装配式混凝土结构构件的质量控制与验收；具备装配式混凝土预制构件各个生产环节质量检查和安全生产的管理能力。

任务 4.1　预制构件质量管理

为适应建筑产业现代化的发展需要,落实国务院《绿色建筑行动方案》的相关要求,各地都在大力推进装配式建筑产业。如何确保装配式建筑的工程质量,如何实现建设工程"百年大计,质量第一"的方针,是建设行政管理部门、各参与企业和工程参与者必须共同思考的问题。在装配式建筑项目的设计生产、现场施工、构件运输、现场安装、竣工验收及交付使用等各个环节中,装配式建筑的工程质量不仅得到整个建筑行业业内人员的高度重视,还受到社会上广大民众的广泛关注。装配式建筑是由各种工厂化预制构件运到施工现场装配建成的,要确保装配式建筑的质量必须从加强预制混凝土构件的质量管理做起,提高预制构件的深化设计质量,加强构件生产、堆放、成品维修、运输、吊装、成品保护等各环节的质量控制,分清各个环节的主体责任,才能促进装配式建筑的健康发展。

4.1.1　装配式混凝土建筑工程质量管理

建设工程质量管理简称工程质量管理,是指建设工程满足相关标准规定和合同约定要求的程度,包括建设工程的安全性、耐久性能、使用功能、节能和环境保护等方面所要求的固有特性。建设工程质量管理是指实现工程建设项目目标的过程中,为满足项目总目标质量要求而采用的生产施工与监督管理活动。质量管理不仅关系工程建设的成败、进度的快慢、投资的多少,而且直接关系到国家财产和人民生命安全。因此,装配式混凝土建筑必须严格保证工程质量控制水平,确保工程质量与安全。与传统的现浇混凝土结构工程相比,装配式混凝土结构工程在质量管理方面具有以下特点。

（1）由于装配式混凝土建筑的主要结构构件和部件在工厂内加工,因此装配式混凝土建筑的质量管理工作从预制构件厂加工预制构件到建设项目现场安装都需要进行严格把控。建设单位、构件生产单位、监理单位应根据构件生产质量要求,在预制构件生产阶段即对预制构件生产质量进行控制。

（2）设计更加精细化。对于设计单位而言,为降低工程造价,尽可能减少预制构件的规格、型号;由于深化设计考虑设计、生产、运输、安装等因素,各类水电管线、预埋件及预留孔洞等需提前在构件内预埋和预留,对施工图的精细化要求更高。因此,相对于传统的现浇结构工程,设计质量对装配式混凝土建筑工程的整体质量影响更大。设计人员需要进行更精细的设计,才能保证生产和安装的准确性。

（3）工程质量更易于保证。由于采用标准化设计、工厂化生产和机械化拼装,构件的观感、尺寸偏差都比现浇结构更易于控制,避免了现浇结构质量通病的出现。因此,装配式混凝土建筑工程的质量更易于控制和保证。

（4）信息化技术的应用。随着互联网技术的不断发展，数字化管理成为装配式混凝土建筑质量管理的一项重要手段，尤其是 BIM 技术的应用，使质量管理过程更加透明、细致、可追溯。

1. 装配式混凝土建筑工程质量管理的依据

质量控制方面的依据主要分为以下几类，不同的单位根据自己的管理职责及管理依据进行质量控制。

（1）工程合同文件：建设单位与设计单位签订的设计合同，与施工单位签订的安装施工合同，与生产厂家签订的构件采购合同，都是装配式混凝土建筑工程质量控制的重要依据。

（2）工程勘察、设计文件：工程勘察包括工程测量、工程地质和水文地质勘察等内容。工程勘察成果文件为工程项目选址、工程设计和施工提供科学可靠的依据。工程设计文件包括经过施工图审查的设计图纸、图纸审查及答复文件、工程设计变更以及设计洽商、设计处理意见等。

（3）有关质量管理方面的法律法规、部门规章与规范性文件。

①法律：《中华人民共和国建筑法》《中华人民共和国合同法》《中华人民共和国招标投标法》《中华人民共和国节约能源法》《中华人民共和国消防法》等。

②行政法规：《建设工程质量管理条例》《建设工程安全生产管理条例》《民用建筑节能条例》等。

③部门规章：《建筑工程施工许可管理办法》《实施工程建设强制性标准监督规定》等。

④规范性文件。

随着近几年装配式混凝土建筑的兴起，国家及地方针对装配式混凝土建筑工程制定了大量的标准。这些标准是装配式混凝土建筑质量控制的重要依据。我国质量标准分为国家标准、行业标准、地方标准和企业标准，国家标准的法律效力要高于行业标准、地方标准和企业标准。《装配式混凝土建筑技术标准》（GB/T 51231—2016）为国家标准，《装配式混凝土结构技术规程》（JGJ 1—2014）为行业标准，本教材主要依照《装配式混凝土建筑技术标准》（GB/T 51231—2016）的相关内容进行编写。

2. 影响装配式混凝土结构工程质量的因素

影响装配式混凝土结构工程质量的因素很多，归纳起来主要有五个方面，即人、工程材料、机械设备、制作方法和环境条件。

1）人

人是生产经营活动的主体，也是工程项目建设的决策者、管理者、操作者，工程建设的全过程都是由人来完成的。

人的素质直接或间接决定着工程质量。装配式混凝土建筑工程由于批量化生产、机械化安装、安装精度高等特点，对人员的素质尤其是生产加工和现场施工人员的文化水平、技术水平及组织管理能力都有更高的要求（见图 4-1-1）。普通的农民工已不能满足装配式混凝土建筑工程的建设需要,因此,培养高素质的产业化工人是确保建筑产业现代化向前发展的必然条件。

图 4-1-1　技术工人进行模具拼装

预制构件工厂必须明确技术负责人和质量负责人的职责和权利。由技术负责人对技术和质量工作负总责。工厂技术负责人应具有 10 年以上从事工程施工技术或管理工作经历,具有工程序列高级职称或一级注册建造师执业资格。技术负责人应为全职,不得兼职。工厂质量负责人应具有 5 年以上从事工程施工质量管理工作经历,具有工程序列高级职称或注册监理工程师执业资格。质量负责人应为全职,不得兼职。工厂工程序列中级以上职称人数应不少于 10 人,专业应包括结构设计、施工、试验、物流、安装等,其中设计人员应有注册结构工程师执业资格。工厂应对主要技术人员、管理人员和重要岗位的工作人员进行任职资格确认,有上岗要求的应持证上岗。工厂应制订教育、培训计划,对员工进行教育和培训。工厂应建立必要的人员档案,内容包括任职经历、教育背景、职称证书和教育培训记录等。除上述要求以外,对任职资格有专门规定的,还应符合相关的规定。

2)工程材料

工程材料是指构成建筑工程实体的各类建筑原材料、构配件、半成品等,是预制构件加工制作的物质条件,是预制构件加工质量的基础。

装配式混凝土建筑是由预制混凝土构件或部件通过各种可靠的方式进行连接,并与现场后浇混凝土形成整体的混凝土结构。因此,与传统的现浇结构相比,预制构件、灌浆料及连接套筒的质量是装配式混凝土建筑质量控制的关键。预制构件混凝土强度、钢筋设置、规格尺寸是否符合设计要求,力学性能是否合格,运输保管是否得当,灌浆料和连接套筒的质量是否合格等,都将直接影响工程的使用功能、结构安全、使用安全乃至外表及观感等。

预制构件材料的选取直接决定最后成品的质量,所选用的水泥、粗细骨料、拌合水、钢筋、外加剂、掺合料、灌浆套筒、连接件以及混凝土必须满足构件的加工制作要求。在施工前应按生产构件材料质量表,严格把控材料及构件的质量,对材料进行取样送检,满足条件后方可继续施工。

3)机械设备

装配式混凝土建筑采用的机械设备可分为如下三类:第一类是指工厂内生产预制构件的工艺设备和各类机具,如各类模具、模台、布料机、蒸养室等,简称生产机具设备(图 4-1-2);第二类是指施工过程中使用的各类机具设备,包括大型垂直与横向运输设备、各类操作工具、各种施工安全设施,简称施工机具设备;第三类是指生产和施工中都会用到的各类测量仪器和计量器具等,简称测量设备。不论是生产机具设备、施工机具设备,还是测量设备,都对装配式混凝土结构工程的质量有着非常重要的影响。

其中模具是制作预制构件的基础,如果模具的截面尺寸出现偏差,必然导致最后成品构件尺寸的偏差,造成财产损失,因此只有保障模具无误,才能生产出严标准、高精度的构件。

图 4-1-2　叠合楼板制作中的模台布料

常见的机械生产设备应至少包括混凝土生产设备、成型设备、固定养护设备和吊装设备,工厂宜至少建成一条自动化流水生产线。生产设备、设施和机具应维护良好,运行可靠。工厂应对直接影响生产和预制构件质量的设备进行有效管理,主要包括:

(1)建立并保存设备操作规程、使用记录;

(2)建立设备维修保养计划和日常检查保养制度;

(3)建立并保存设备使用说明书等档案。

计量设备应符合有关标准规定并进行计量检定或校准,并应采用适宜的方法标明其计量检定或校准状态。

4)制作方法

制作方法是指施工工艺、操作方法、施工方案等。在混凝土构件和部品加工时,为了保证构件和部品的质量或受客观条件制约需要采用特定的加工工艺,不适合的加工工艺可能会造成构件质量缺陷、生产成本增加或工期拖延等;现场安装过程中,吊装顺序、吊装方法的选择都会直接影响安装的质量。装配式混凝土结构的构件主要通过节点连接,因此,节点连接部位的施工工艺是装配式结构的核心工艺,对结构安全起决定性影响。采用新技术、新工艺、新方法,不断提高工艺技术水平,是保证工程质量稳定提高的重要因素。

其中混凝土浇筑与振捣的质量直接影响预制构件成品的质量,预制构件加工中应全程把握混凝土浇筑工艺和质量,前期落实好各项检测工作,一般由厂家自检合格后,由驻场技术人员负责验收把控质量。验收具体包括预埋件、接驳器、套筒等,检验材料的合格证、备案证明,验收之后方可浇筑。

生产工艺、设备、设施和机具的数量及其性能应符合工厂的生产规模、预制构件生产特点和质量要求,并应符合环境保护和安全生产要求。

5)环境条件

环境条件是指对工程质量特性起重要作用的环境因素,包括自然环境,如工程地质、水文、气象等;作业环境,如施工作业面、防护设施、通风照明和通信条件等;工程管理环境,主要是指工程实施的合同环境与管理关系的确定,组织体制及管理制度等;周边环境,如工程邻近的地下管线、建(构)筑物等。环境条件往往对预制构件的工程质量产生特定的影响。

预制构件工厂的总体布局应合理。厂区应符合环境整洁、道路平整的要求。厂房和生产车间应能满足生产要求,并应有良好的采光和通风条件,厂房和生产车间应维护良好。各种设备、设施和机具等应布置合理,各类物品应堆放有序。各类储仓应维护良好,运行可靠,无明显的锈蚀和污损。各类堆场应平整,分隔清晰。堆场宜采用硬地坪,并应有可靠的排水系统,各类堆场不得有积水和扬尘。工厂应通过环境评价和审核批准,对生产时产生的噪声、粉尘和污水等应有处理措施。对生产过程中产生的废弃物,工厂应有回收利用或合理处置的措施。

3. 装配式混凝土建筑工程各阶段的质量管理

装配式混凝土建筑工程质量管理的组成阶段,从工程项目建设的阶段性看,可以分解为不同阶段,不同的建设阶段对工程项目质量的形成起着不同的作用。

1)预制构件生产阶段

装配式混凝土建筑是由预制混凝土构件通过可靠的连接方式装配而成的混凝土结构。因此,预制构件的生产质量直接关系到整体建筑结构的质量与使用安全(图 4-1-3)。

图 4-1-3　预制构件在车间加工

2）工程施工阶段

工程施工是指按照设计图纸和相关文件的要求，在建设场地上将设计意图付诸实现的测量、作业、检验，最终形成工程实体的过程。任何优秀的设计成果，只有通过施工才能变为现实。因此，工程施工活动决定了设计意图能否体现，直接关系到工程的安全可靠、使用功能的保证，以及外表观感能否体现建筑设计的艺术水平。在一定程度上，工程施工是工程实体质量的决定性环节。

3）工程竣工验收阶段

工程竣工验收就是对工程施工质量进行检查评定，考核施工质量是否达到设计要求；是否符合决策阶段确定的质量目标和水平，并通过工程竣工验收进而保证最终产品的质量。

建设工程的每个阶段都对工程质量的形成起着重要的作用。因此，对装配式混凝土建筑质量必须进行全过程控制，要把质量控制落实到建设周期的每一个环节。本书侧重于对预制构件制作阶段的质量问题进行介绍。

4.1.2　预制构件生产阶段的质量管理与验收

为了提高预制构件工厂生产的产品质量，降低生产过程中的成本，以及确保预制构件在现场安装中实现无缝连接，应将预制构件工厂生产作为监理工作的管控重点。对施工前准备、施工质量控制以及成品保护等阶段的全面质量把控，旨在为预制装配式构件生产的各方面提供有力的保障。预制构件工厂应制定质量保证体系，质量保证体系应通过第三方的认证。工厂应确保质量保证体系有效地实施。

1. 预制构件生产制度管理

对相应的预制构件厂商资格进行审查,协助建设单位选取最优的供应商。主要审核预制构件厂家的营业执照、生产许可证、所具备的生产规模、业绩水平以及预制构件的试验室等级等。

对预制构件生产厂商的生产施工方案与进度方案进行审查,主要包括材料进场验收方案、生产施工质量控制、产品验收合格标准,生产、验收、供应等不同阶段的进展是否满足实际施工时的要求。

1)设计交底与会审

预制构件生产前,应由建设单位组织设计、生产,施工单位进行设计文件交底和会审。当原设计文件深度不够,不足以指导生产时,需要生产单位或专业公司另行制作加工详图。如加工详图与设计文件意图不同,应经原设计单位认可。加工详图包括:预制构件模板图、配筋图;满足建筑、结构和机电设备等专业要求和构件制作、运输、安装等环节要求的预埋件布置图;面砖或石材的排版图;夹心保温外墙板内外叶墙拉结件布置图和保温板排版图等。

2)生产方案

预制构件生产前应编制生产方案,生产方案宜包括生产计划及生产工艺,模具方案及计划,技术质量控制措施,成品存放、运输和保护方案等。必要时,应对预制构件脱模、吊运、存放、翻转及运输等工况进行计算。预制构件和部品生产中采用新技术、新工艺、新材料、新设备时,生产单位应制定专门的生产方案;必要时进行样品试制,经检验合格后方可实施。

3)首件验收制度

预制构件生产宜建立首件验收制度。首件验收制度是指结构较复杂的预制构件或新型构件首次生产或间隔较长时间重新生产时,生产单位需会同建设单位、设计单位、施工单位、监理单位共同进行首件验收,重点检查模具、构件、预埋件混凝土浇筑成型中存在的问题,确定该批预制构件生产工艺是否合理,质量能否得到保障,共同验收合格之后方可批量生产。

4)原材料检验

预制构件的原材料质量,钢筋加工和连接的力学性能,混凝土强度,构件结构性能,装饰材料、保温材料及拉结件的质量等均应根据国家现行有关标准进行检查和检验,并应具有生产操作规程和质量检验记录。

5)构件检验

预制构件的质量评定应根据钢筋、混凝土、预应力、预制构件的试验、检验资料等项目进行(图 4-1-4)。当上述各检验项目的质量均合格时,方可评定为合格产品。检验时对新制或改制后的模具应按件检验,对重复使用的定型模具、钢筋半成品和成品应分批随机抽样检验,对混凝土性能应按批检验。模具、钢筋、混凝土、预制构件制作、预应力施工等的质量,均应在生产班组自检、互检和交接检的基础上,由专职检验员进行检验。

图 4-1-4　预制构件在工厂里的存放

6）构件表面标识

预制构件和部品经检查合格后，宜设置表面标识。预制构件的表面标识宜包括构件编号、制作日期、合格状态、生产单位等信息（见图 4-1-5）。

图 4-1-5　墙板构件表面标识

7）质量证明文件

预制构件和部品出厂时，应出具质量证明文件。目前，有些地方的预制构件生产实行监理驻厂监造制度，应根据各地方的技术发展水平细化预制构件生产全过程监测制度，驻厂监理应在出厂质量证明文件上签字。

2. 预制混凝土构件生产质量控制

生产过程的质量控制是预制构件质量控制的关键环节,需要做好生产过程各个工序的质量控制、隐蔽工程验收、质量评定和质量缺陷的处理等工作。预制构件生产企业应配备满足工作需求的质检员,质检员应具备相应的工作能力并经业务考核测评合格。

预制混凝土构件生产流程

在预制构件生产之前,应对各工序进行技术交底,上道工序未经检查验收合格,不得进行下道工序。混凝土浇筑前,应对模具组装、钢筋及网片安装、预留及预埋件布置等内容进行检查验收。工序检查由各工序班组自行检查,检查数量为全数检查,应做好相应的检查记录。

1)模具组装的质量检查

预制构件生产应根据生产工艺、产品类型等制定模具方案,应建立健全模具验收、使用制度。模具应具有足够的强度、刚度和整体稳固性,并应符合下列规定。

(1)模具应装拆方便,并应满足预制构件质量、生产工艺和周转次数等要求。

(2)结构造型复杂、外形有特殊要求的模具应制作样板,经检验合格后方可批量制作。

(3)模具各部件之间应连接牢固,接缝应紧密,附带的埋件或工装应定位准确,安装牢固。

(4)用作底模的台座、胎模、地坪及铺设的底板等应平整光洁,不得有下沉、裂缝、起砂和起鼓。

(5)模具应保持清洁,涂刷脱模剂、表面缓凝剂时应均匀、无漏刷、无堆积,且不得沾污钢筋,不得影响预制构件的外观效果。

(6)应定期检查侧模、预埋件和预留孔洞定位措施的有效性;应采取防止模具变形和锈蚀的措施;重新启用的模具应检验合格后方可使用。

(7)模具与模台间的螺栓、定位销、磁盒等固定方式应可靠,防止混凝土振捣成型时造成模具偏移和漏浆。

模具组装前,首先需根据构件制作图核对模具的尺寸是否满足设计要求,然后对模板几何尺寸进行检查,包括模板与混凝土接触面的平整度、板面弯曲、拼装接缝等,最后对模具的观感进行检查,接触面不应有划痕、锈渍和氧化层脱落等现象。

2）钢筋成品、钢筋桁架的质量检查

钢筋宜采用自动化机械设备加工。使用自动化机械设备进行钢筋加工与制作,可减少钢筋损耗且有利于质量控制,预制加工厂条件允许时,尽量采用。

钢筋连接除应符合现行国家标准《混凝土结构工程施工规范》(GB 50666—2017)的有关规定外,尚应符合下列规定。

(1)钢筋接头的方式、位置,同一截面受力钢筋的接头百分率,钢筋的搭接长度及锚固长度等应符合设计要求或国家现行有关标准的规定。

(2)钢筋焊接接头、机械连接接头和套筒灌浆连接接头均应进行工艺检验,试验结果合格后方可进行预制构件生产。

(3)螺纹接头和半灌浆套筒连接接头应使用专用扭力扳手拧紧至规定扭力值。

(4)钢筋焊接接头和机械连接接头应全数检查外观质量。

(5)钢筋焊接接头、机械连接接头、套筒灌浆连接接头力学性能应符合现行相关标准的规定。

钢筋半成品、钢筋网片、钢筋骨架和钢筋桁架应检查合格后方可进行安装,并应符合下列规定。

(1)钢筋表面不得有油污,不应严重锈蚀。

(2)钢筋网片和钢筋骨架宜采用专用吊架进行吊运。

(3)混凝土保护层厚度应满足设计要求。保护层垫块宜与钢筋骨架或网片绑扎牢固,按梅花状布置,间距满足钢筋限位及控制变形要求,钢筋绑扎丝甩扣应弯向构件内侧。

3）隐蔽工程验收

在混凝土浇筑之前,应对每块预制构件进行隐蔽工程验收,确保其符合设计要求和规范规定。企业的质检员和质量负责人负责隐蔽工程验收,验收内容包括原材料抽样检验和钢筋、模具、预埋件、保温板及外装饰面等工序安装质量的检验。检验按照前述要求进行。

隐蔽工程验收的范围为全数检查,验收完成应形成相应的隐蔽工程验收记录,并保留存档。对PC构件制作进行依据或准备、相关岗位人员把关、过程控制、结果检查这四个环节的控制。下面给出PC构件制作各环节的全过程质量控制要点(表4-1-1、表4-1-2),供读者参考。

表 4-1-1　PC 构件制作各环节全过程质量控制要点

序号	环节	依据或准备		相关岗位人员把关		过程控制		结果检查	
		事项	责任岗位	事项	责任岗位	事项	责任岗位	事项	责任岗位
1	材料与配件采购、入场	(1)依据设计和规范要求制定标准 (2)指定验收程序 (3)指定保管标准	技术负责人	进场验收、检验	质检员、试验员、保管员	检查是否按要求保管	保管员、质检员	材料使用中是否有问题	质检员
2	套筒灌浆试验	(1)依据规范和标准 (2)准备试验器材 (3)制定操作规程	试验员	(1)进场验收(包括外观、质量、标识和尺寸偏差、质保资料) (2)接头工艺检验 (3)灌浆料试件	保管员、技术负责人、质量负责人、试验员	检查是否按工艺检验要求进行试验、检验、养护	保管员、技术负责人、质量负责人、试验员	套筒工艺检验结果满足规范的要求;投入生产后,按规范要求的数量进行批次和检查接头,进行接头抗拉强度试验	技术负责人、质量负责人、驻厂监理
3	模具制作	(1)编制《模具设计要求》给绘制模具厂或模具车间 (2)设计模具生产制造图 (3)审查、复核模具设计	模具制造厂、技术负责人、构件厂技术负责人	(1)模具进场验收 (2)该模具首个构件检查验收	质量负责人、质检员	每次组模后检查,合格后才能浇筑混凝土	技术负责人、质量负责人、质检员	每次构件脱模后检查构件外观和尺寸,出现质量问题如果与模具有关,必须经过检修合格后才能继续使用	质检员、生产负责人、技术负责人
4	模具清理、组装	(1)依据标准、规范、图样 (2)编制操作规程 (3)培训工人 (4)准备工具 (5)制定检验标准	技术负责人、生产负责人、操作者、质检员	模具清理是否到位,组装是否正确,螺栓是否符合	生产负责人、操作者、质量负责人	组模后检查,浇筑检查混凝土构件检查	生产负责人、操作者、质量负责人	每次构件脱模后检查构件外观和尺寸、埋件位置质量等,发现质量问题及时进行调整	操作者、质检员
5	脱模剂或缓凝剂	(1)依据标准、规范、图样 (2)做试验或编制操作规程 (3)培训工人	技术负责人、试验员、质量负责人	试用脱模剂或缓凝剂做试验样板	技术负责人、生产负责人、质量负责人	(1)脱模剂按要求涂刷均匀 (2)缓凝剂按要求涂位置和用量	质量负责人、操作者	每次构件脱模后检查外观或检查冲洗后粗糙面情况,发现质量问题及时进行调整	操作者、质检员

续表

序号	环节	依据或准备		相关岗位人员把关		过程控制		结果检查	
		事项	责任岗位	事项	责任岗位	事项	责任岗位	事项	责任岗位
6	装饰面层铺设或制作	(1)依据图样、标准规范 (2)安全防护结构件大样图 (3)编制操作规程 (4)培训工人	技术负责人、生产负责人、质量负责人	(1)半成品加工 (2)装饰面层铺设	技术负责人、生产负责人、质量负责人	(1)半成品加工过程质量控制 (2)隔离剂涂抹情况 (3)拉结件安放情况 (4)装饰面层铺设后检查位置、尺寸、缝隙	生产负责人、质量负责人、操作者	每次构件脱模后检查饰面外观和饰面成型状态，发现质量问题及时进行调整；是否有破损、污染	操作者、质检员
7	钢筋制作与入模	(1)依据图样 (2)编制操作规程 (3)准备工器具 (4)培训工人 (5)制定检验标准	技术负责人、生产负责人、质量负责人	钢筋下料和成型、半成品检查	操作者、质检员	钢筋骨架绑扎检查、钢筋骨架入模检查、连接钢筋、加强筋和保护层检查	操作者、质检员	复查伸出钢筋的外露长度和中心位置	技术负责人、操作者、质量负责人、驻厂监理
8	套筒试验	(1)依据规范和标准 (2)准备试验器具 (3)制定操作规程和标准	技术负责人、试验员	具备型式检验报告、工艺检测合格	技术负责人、试验员、质量负责人	检查是否按规范要求的数量、批次、频次进行套筒试验；当更换钢筋生产企业或更换钢筋生产的钢筋外形尺寸出现较大差异时，应再次进行工艺检验	技术负责人、试验员、质量负责人	套筒是否符合抗拉强度要求，合格后方可投入使用	技术负责人、操作者、质量责任人、驻厂监理
9	套筒、预埋件等固定	(1)依据图样 (2)编制操作规程 (3)培训工人 (4)制定检验标准	技术负责人	进场验收与检验、首次试安装	技术负责人、操作者、质量负责人	是否按图样要求安装套筒和预埋件；半装浆套筒连接要进行灌浆套筒与钢筋连接检验	技术负责人、质量负责人	脱模后进行外观和尺寸检查；套筒进行透光检查；对导致问题的环节进行整顿	操作者、质检员、质量监理、驻厂监理

续表

序号	环节	依据或准备		相关岗位人员把关		过程控制		结果检查	
		事项	责任岗位	事项	责任岗位	事项	责任岗位	事项	责任岗位
10	门窗固定	(1)依据图样 (2)编制操作规程 (3)培训工人 (4)制定检验标准	技术负责人	(1)外观与尺寸检查 (2)检查规格、型号 (3)对照样块	技术负责人、生产负责人、质量负责人	(1)是否正确预埋门窗框,包括规格、型号、开启方向,埋入深度、锚固件等 (2)定位和保护措施是否到位	质检员、技术负责人、生产负责人	脱模后进行外观复查,检查门窗框安装是否符合允许偏差要求,成品保护是否到位	制作车间负责人、质检员、技术负责人、操作者
11	混凝土浇筑	(1)混凝土配合比试验 (2)混凝土浇筑操作规程及技术交底 (3)混凝土计量系统校验 (4)混凝土配合比通知单下达	试验室技术负责人、质检员	(1)隐蔽工程验收 (2)模具组对合格验收 (3)混凝土搅拌制作浇筑指令下达	质检员	(1)混凝土搅拌质量控制 (2)制作混凝土强度试块 (3)混凝土运输及浇筑时间控制 (4)混凝土入模与振捣质量控制 (5)混凝土表面处理质量控制	操作者、质检员、试验员	脱模后进行表面缺陷和尺寸检查。有问题进行一次制作处理,制定下一次制作的预防措施并贯彻执行	技术负责人、操作者、质检员、试验员、监理
12	夹心保温板制作	(1)依据图样 (2)编制操作规程 (3)培训工人 (4)制定检验标准	技术负责人	(1)保温材料和拉结件进场验收 (2)样板制作	技术负责人、作业工段负责人、质检员	是否按照图样操作规程要求埋设拉结件和铺设保温板	作业工段负责人、质检员	脱模后进行表面缺陷检查。有问题进行处理,制定下一次制作的预防措施并贯彻执行	制作车间负责人、质检员、技术负责人
13	混凝土养护	(1)确定工艺要求 (2)绘制养护曲线 (3)编制操作规程 (4)培训工人	技术负责人	(1)前道作业工序已完成并完成预养护;温度记录	作业工段负责人、质检员	是否按照操作规程要求进行养护;试块同养护压块	作业工段负责人	拆模前进行外观检查。有问题进行处理,制定下一次养护的预防措施并贯彻执行	制作车间负责人、质检员、技术负责人

序号	环节	依据或准备		相关岗位人员把关		过程控制		结果检查	
		事项	责任岗位	事项	责任岗位	事项	责任岗位	事项	责任岗位
14	脱模	(1)技术部都通知 (2)准备吊运工具和支承器材 (3)制定操作规范 (4)培训工人	技术负责人、作业工段负责人	同条件试块强度;吊点周边混凝土表观检查	试验员、技术负责人、质检员	(1)是否按照图样和操作规程要求进行脱模 (2)脱模初检	操作者、质检员	脱模后进行表面缺陷检查;有问题进行处理,制定下一次制作的预防措施并贯彻执行	制作车间负责人、质检员、技术负责人
15	厂内运输、堆放	(1)依据图纸 (2)制定堆放方案 (3)准备吊运和支承器材 (4)制定操作规程 (5)培训工人	技术负责人、作业工段负责人、生产负责人	运输车辆、道路情况	操作者、生产车间负责人	是否按照堆放方案和操作规程进行构件的运输堆放	质检员、技术负责人、作业工段负责人	对运输和堆放后构件进行复检,对合格产品进行标识	质量负责人、作业工段负责人
16	修补	(1)依据规范和标准 (2)准备修补材料 (3)制定操作规程	技术负责人、作业工段负责人	一般缺陷或严重缺陷;允许修复的严重缺陷应报原设计单位认可	质检员、技术负责人	(1)是否按技术方案处理 (2)重新检查验收	质检员、作业工段负责人、技术负责人	修补后表观质量检查;制定下一次制作的预防措施并贯彻执行	制作车间负责人、质检员、技术负责人
17	出厂检验、档案与文件	(1)制定出厂检验操作规程 (2)制定档案文件的归档标准 (3)固化归档流程	技术负责人、资料员	明确保管场所;技术资料专人管理	技术负责人	各部门分别收集和保管技术资料	各部门	满足质量要求的构件准予出厂;将各部门收集的技术资料归档	质量负责人、资料员
18	装车、出厂、运输	(1)依据图样,规范和标准,制定运输方案 (2)实际路线踏勘 (3)大型构件的运输和码放应有质量保证措施 (4)编制运输操作规程	技术负责人、运输单位负责人	核实构件编号;目测构件外观状态;检查检验合格标识记录	作业工段负责人、质检员	是否按照运输方案和操作规程执行;二次转运损坏的部位要及时处理;标识是否清楚	质检员、作业工段负责人	运输至现场,办理构件移交手续	作业工段负责人

表 4-1-2　PC 构件质量检验项目一览表

环节	类别	项目	检验内容	依据	性质	数量	检查方法
材料进场检验	1. 灌浆套筒	（1）外观检查	是否有缺陷和裂缝,尺寸误差等	《钢筋套筒灌浆连接应用技术规程》(JGJ 355—2015),《钢筋连接用灌浆套筒》(JG/T 398—2019)	一般项目	抽检	观察,用尺检查
		（2）抗拉强度试验	钢筋套筒灌浆连接接头的抗拉强度不应小于连接钢材的抗拉强度标准值,且破坏时应断于接头外钢筋	《钢筋套筒灌浆连接应用技术规程》(JGJ 355—2015),《钢筋连接用灌浆套筒》(JG/T 398—2019)	主控项目（强制性规定）	抽检	用灌浆料连接受力钢筋,达到强度后进行抗拉强度试验
	2. 水泥	（1）细度	负压筛析法、水筛法、手工筛析法	《通用硅酸盐水泥》(GB 175—2007)	一般项目	每 500 t 抽样一次	《水泥细度检验方法 筛析法》(GB/T 1345—2005)《水泥比表面积测定方法 勃氏法》(GB/T 8074—2008)《水泥标准稠度用水量、凝结时间、安定性检验方法》(GB/T 1346—2001)《水泥胶砂强度检验方法》(GB/T 17671—1999)
		（2）比表面积	透气试验				
		（3）凝结时间	初凝及终凝试验				
		（4）安定性	沸煮法试验				
		（5）抗压强度	3 d、28 d 抗压强度				
	3. 细骨料	（1）颗粒级配	测定砂的颗粒级配,计算砂的细度模数,评定砂的粗细程度	《普通混凝土用砂、石质量及检验方法标准》(JGJ 52—2006)	一般项目	每 500 m³ 抽样一次	《建筑用砂》(GB/T 14684—2011) 规定的方法
		（2）表观密度	砂颗粒本身单位体积的质量				
		（3）含泥量、泥块含量	测定砂中的泥块含量及含泥量				

续表

环节	类别	项目	检验内容	依据	性质	数量	检查方法
材料进场检验	4. 粗骨料	（1）颗粒级配	测定石子的颗粒级配，计算石子的细度模数，评定石子的粗细程度	《普通混凝土用砂、石质量及检验方法标准》（JGJ 52—2006）	一般项目	每500 m³抽样一次	《建设用卵石、碎石》（GB/T 14685—2011）规定的方法
		（2）表观密度	石子颗粒本身的单位体积质量				
		（3）含泥量、泥块含量、针片状颗粒含量	测定石子中的针片状颗粒质量，含泥及含泥块量	《普通混凝土用砂、石质量及检验方法标准》（JGJ 52—2006）	一般项目	每500 m³抽样一次	
		（4）压碎	强度检验				
	5. 搅拌用水	pH值、不溶物、氯化物、硫酸盐	饮用水不用检验，采用中水、搅拌站清洗水、施工现场循环水等其他水源时，应对其成分进行检验	《混凝土用水标准》（JGJ 63—2006）	一般项目	同一水源检查不应少于一次	《混凝土用水标准》（JGJ 63—2006）规定的方法
	6. 外加剂	主要性能	减水率、含气量、抗压强度比、对钢筋无锈蚀危害	《混凝土外加剂》（GB 8076—2008）和《混凝土外加剂应用技术规范》（GB 50119—2013）	一般项目	按同一厂家、同一品种、同一性能、同一批号且连续进场的混凝土外加剂，不超过50 t为一批，每批抽样数量最少不应少于一次	《混凝土外加剂》（GB 8076—2008）规定的方法
	7. 混合料（粉煤灰、矿渣、硅灰等混合料）	粉煤灰	细度、蓄水量	材料出厂合格证	一般项目	同一厂家、同一品种、同一批次的产品 200 t一批	检查质量证明文件和抽样检验报告
		矿渣	细度、强度			200 t一批	
		硅灰	细度、强度、蓄水量			30 t一批	

续表

环节	类别	项目	检验内容	依据	性质	数量	检查方法
材料进场检验	8.钢筋	一级钢、二级钢、三级钢,直径、重量	屈服强度、抗拉强度、伸长率、弯曲性能和重量偏差检验	材料出厂材质单	一般项目	每600 t检验一次	《钢筋混凝土用钢 第1部分:热轧光圆钢筋》(GB/T 1499.1—2017)、《钢筋混凝土用钢 第2部分:热轧带肋钢筋》《GB/T 1499.2—2018》、《钢筋混凝土用余热处理钢筋》(GB 13014—2013)、《钢筋混凝土用钢 第3部分:钢筋焊接网》(GB/T 1499.3—2010)、《冷轧带肋钢筋》(GB/T 13788—2017)、《高延性冷轧带肋钢筋》(YB/T 4260—2011)规定的方法
	9.钢绞线	直径、重量	拉伸试验	材料出厂材质单	主控项目	每60 t检验一次	量尺、秤厅
	10.钢板、型钢	长度、厚度、重量	等级、重量	材料出厂材质单	主控项目	每60 t检验一次	《钢及钢产品交货一般技术要求》(GB/T 17505—2016)规定的方法
	11.预埋螺母、预埋螺栓、吊钉	直径、长度、镀锌	外形尺寸:符合PC预埋件图样要求 表面质量:表面不应有锈皮及肉眼可见的锈蚀麻坑、油污及其他损伤,焊接良好,不得有咬肉、夹渣	材料出厂材质单	一般项目	抽样	按照PC预埋件图样进行检验
	12.拉结件	(1)在混凝土中的锚固	锚固长度	材料出厂材质单	主控项目	抽样	量尺
		(2)抗拉强度	拉伸试验				试验室做试验
		(3)抗剪强度	抗剪试验				
	13.保温材料	挤塑板、聚苯乙烯、酚醛板	外观质量、外表尺寸、热附性、能(阻燃性、耐低温性、耐高温、耐腐蚀性、耐候性、高低温黏附性能、材料密度试验、热导率试验)	材料出厂材质单	一般项目	抽样	试验室做试验

续表

环节	类别	项目	检验内容	依据	性质	数量	检查方法
	14.建筑、装饰一体化构件用到的建筑、装饰材料（如门窗、石材等）	外观尺寸、质量	门窗检验气密性、水密性、抗风压性能；石材等检验表面光洁度、外观质量及尺寸	材料出厂材质单	一般项目	抽样	抽样检验
制作过程	1. 钢筋加工	钢筋型号、直径、长度、加工精度	检验钢筋型号、直径、长度、弯曲角度	《钢筋混凝土用钢 第2部分：热轧带肋钢筋》（GB/T 1499.2—2018）	主控项目	全数	对照图样进行检验
	2. 钢筋安装	安装位置、保护层厚度	按制作图样检验	《钢筋混凝土用钢 第2部分：热轧带肋钢筋》（GB/T 1499.2—2018）	主控项目	全数	按照图样要求进行安装
	3. 伸出钢筋	位置、钢筋直径、伸出长度的误差	按制作图样检验	《钢筋混凝土用钢 第2部分：热轧带肋钢筋》（GB/T 1499.2—2018）	主控项目	全数	对照图样进行检验
	4. 套筒安装	套管直径、套管位置及注浆孔是否通畅	检验套筒是否按照图样安装	对照图样	主控项目	全数	对照图样进行检验、目测
	5. 预埋件安装	型号、位置	安装位置、型号、埋件长度、位置	制作图样	主控项目	全数	对照图样用尺测量
	6. 预留孔洞	安装孔、预留孔	位置、大小	制作图样	主控项目	全数	对照图样用尺测量

续表

环节	类别	项目	检验内容	依据	性质	数量	检查方法
制作过程	7. 混凝土拌合物	混凝土配合比	检验混凝土搅拌过程	《混凝土结构工程施工质量验收规范》(GB 50204—2015)	主控项目	全数	试验室人员全程跟踪检验
	8. 混凝土强度	试块强度、构件强度	同批次试块强度,构件回弹强度	《混凝土结构工程施工质量验收规范》(GB 50204—2015)	主控项目	100 m 取样不少于一次	试验室力学检验,回弹仪
	9. 脱模强度	混凝土构件脱模前强度	在同期条件下制作及养护的试块强度	《混凝土结构工程施工质量验收规范》(GB 50204—2015)	一般项目	不少于 1 组	试验室力学试验
	10. 混凝土其他力学性能	抗拉、抗折、静力受压、表面硬度	同批次生产构件用混凝土取样,在试验室做试验	《混凝土物理力学性能试验方法标准》(GB/T 50081—2019)	主控项目	抽查	试验室力学试验
	11. 养护	时间、温度	查养护时间及养护温度	工厂制定的养护方案	一般项目	抽查	计时及温度检查
	12. 表面处理	污染、掉角、裂缝	检验构件表面是否有污染或缺棱掉角	工厂制定的构件验收标准	一般项目	全数	目测
构件检测	1. 套筒	位置误差	型号、位置,注浆孔是否堵塞	制作图样	主控项目	全数	插入模拟的伸出钢筋检验模板
	2. 伸出钢筋	位置、直径、种类、伸出长度	型号、位置、长度	制作图样	主控项目	全数	尺量
	3. 保护层厚度	保护层厚度	检验保护层厚度是否达到图样要求	制作图样	主控项目	抽查	保护层厚度检测仪
	4. 严重缺陷	纵向受力钢筋有露筋,主要受力部位有蜂窝、孔洞、夹渣、疏松、裂缝	检验构件外观	制作图样	主控项目	全数	目测

续表

环节	类别	项目	检验内容	依据	性质	数量	检查方法
构件检测	5. 一般缺陷	有少量露筋、蜂窝、孔洞、夹渣、疏松、裂缝	检验构件外观	制作图样	一般项目	全数	目测
	6. 尺寸偏差	检验构件外观	检验构件尺寸是否与图样要求一致	制作图样	一般项目	全数	尺量
	7. 受弯构件结构性能	承载力、挠度、裂缝	承载力、挠度、裂缝宽度	《混凝土结构工程施工质量验收规范》（GB 50204—2015）	主控项目	1 000 件不超过 3 个月的同类型产品为一批	构件整体受力试验
	8. 粗糙面	粗糙度	预制板粗糙面凹凸深度不应小于 4 mm，预制梁端、预制柱端粗糙面凹凸深度不应小于 6 mm，粗糙面的面积不宜小于结合面的 80%	《混凝土结构设计规范》（GB 50010—2010）	一般项目	全数	目测及尺量
	9. 键槽	尺寸误差	位置、尺寸、深度	图样与《装规》	一般项目	抽查	目测及尺量
	10. PC 外墙墙板淋水	渗漏	淋水试验应满足下列要求：淋水流量不应小于 5 L（ m×min），淋水试验时间不应少于 2 h，检测区域不应有遗漏部位。淋水试验结束后，检查背水面有无渗漏	《住宅工程质量分户验收管理规定》	一般项目	抽查	淋水检验
	11. 构件标识	构件标识	标识上应注明构件编号、生产日期，使用部位、混凝土强度、生产厂家等	构件编号、生产日期等	一般项目	全数	逐一对标识进行检查

3.预制构件成品的出厂质量检验

预制构件脱模后,应对其外观质量和尺寸进行检查验收(图 4-1-6、图 4-1-7)。外观质量不宜有一般缺陷,不应有严重缺陷。对于已经出现的一般缺陷,应进行修补处理,并重新检查验收;对于已经出现的严重缺陷,应经设计、监理单位认可修补方案之后进行修补处理,并重新检查验收。预制构件叠合面的粗糙度和凹凸深度应符合设计及规范要求,外观质量、尺寸偏差应符合验收要求。

图 4-1-6　悬挑板式阳台构件

图 4-1-7　预制楼梯构件

预制混凝土构件成品出厂质量检验是预制混凝土构件质量控制过程中最后的环节,也是关键环节。预制混凝土构件出厂前应对其成品质量进行检查验收,合格后方可出厂。

1)预制构件资料

预制构件的资料应与产品生产同步形成、收集和整理,归档资料宜包括以下内容。

(1)预制混凝土构件加工合同。

(2)预制混凝土构件加工图纸,设计文件,设计洽商、变更或交底文件。

(3)生产方案和质量计划等文件。

(4)原材料质量证明文件、复试试验记录和试验报告。

(5)混凝土试配资料。

(6)混凝土配合比通知单。

(7)混凝土开盘鉴定资料。

(8)混凝土强度报告。

(9)钢筋检验资料、钢筋接头的试验报告。

(10)模具检验资料。

(11)预应力施工记录。

(12)混凝土浇筑记录。

(13)混凝土养护记录。

(14)构件检验记录。

(15)构件性能检测报告。

(16)构件出厂合格证。

(17)质量事故分析和处理资料。

(18)其他与预制混凝土构件生产和质量有关的重要文件资料。

2)质量证明文件

预制构件交付的产品质量证明文件应包括以下内容。

(1)出厂合格证。

(2)混凝土强度检验报告。

(3)钢筋套筒等其他构件钢筋连接类型的工艺检验报告。

(4)合同要求的其他质量证明文件。

预制构件完成后,应对成品采取恰当的保护措施,防止构件因受到损害而造成质量下降。如预制构件中的阳台板、门窗框、楼梯板等的边角应采用包角保护。搁置瓷砖等预制构件材料时,下方应铺设隔离木板等材料,同时应铺设盖板进行保护。对于设置在露天环境中的预埋铁件等构件,应加强防锈措施。预制构件中带孔类预埋件均应塞设海绵棒等防潮装备。预制构件进场后,按照构件的规模、品种、批号等进行分类堆放,堆放在物料场时先运输的构件应该放置在离吊装设备近的位置。

预制构件的工业化生产是一个标准化流程,每个工艺、每个步骤都有自己的质量标准及验收标准,生产模式已固定。要提高生产水平,以下几点需着重关注。

（1）人员素质:劳务人员的加工水平、工作效率是影响质量和产能的原因之一。

（2）厂内管理力度:管理员要严格按照质量验收标准进行检查验收,管理要到位,定期对工人开展培训,将标准化落实。

（3）构件养护:构件的预养护及堆垛养护要按标准化流程进行,保证构件的拆模及出厂强度,避免生产过程中产生裂缝。合理安排生产计划,转换层施工问题完全解决前避免大面积生产,问题解决完成后方可大面积进行,避免构件整改过多,费时费力。

随着预制装配式建筑技术的不断成熟,其在城市现代化建设过程中的应用领域愈来愈广泛,预制构件的质量将在建筑建造中起到关键作用。通过对工厂预制构件的前期准备、中期检查和后期保护,尽可能地对构件预制的全生命周期进行质量监控,为后期装配式建筑的顺利施工提供有力保障。

习题及答案

一、填空题

1. 影响装配式混凝土结构工程质量的因素很多,归纳起来主要有五个方面,即(　　　)、(　　　)、(　　　)、(　　　)和(　　　)。

2. 装配式混凝土建筑采用的机械设备可分为三类:(　　　)、(　　　)、(　　　)。

二、简答题

1. 什么是首件验收制度?

2. 预制构件原材料质量检查有哪些内容?

3. 如何进行预制构件生产阶段的质量管理与验收?

习题答案

任务 4.2 安全管理与文明生产

4.2.1 安全管理要点

4.2.1.1 预制构件工厂的安全管理要点

由于装配式建筑安全管理范围的扩大和延伸,预制构件工厂的安全管理也成为装配式建筑安全管理的重要环节。预制构件工厂的安全管理要点(图 4-2-1)主要包括建立完善的安全生产责任制、生产环节操作规程、作业岗位操作规程、机具设备操作规程、劳动防护措施、安全生产检查及安全教育培训等内容。

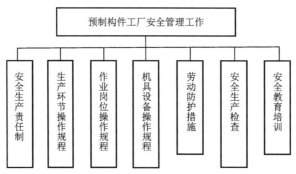

图 4-2-1 预制构件工厂的安全管理要点

预制构件厂要建立完善的安全责任制和安全操作规程,通过培训、组织监督人员等方法落实安全制度。

安全生产法律法规体系

1. 安全生产三原则和安全管理的十个注意事项

1）安全生产三原则

（1）整理、整顿工厂作业场地，形成一个整洁、有序的环境。

（2）经常维护设备、设施、工具。

（3）按照规范、标准进行作业操作。

整理、整顿的具体内容见图 4-2-2。

图 4-2-2　图解"整理整顿"

2）安全管理的十个注意事项

（1）工厂"7S"管理制度（图 4-2-3）是否执行到位。

（2）新员工的培训工作和监督指导是否到位。

（3）是否存在预制构件吊钉位置偏移、歪斜、松动的情形。

（4）是否有预制构件吊钉位置不合理、吊钉承载力不够或起吊方案不完善的情形。

（5）是否存在超重起吊、起吊时构件被卡住或接驳器未接驳到位的情形。

（6）预制构件存放、运输是否有倒塌的危险。

（7）人是否会有触碰到起吊的重物和行走的模台、车辆的危险。

（8）是否有模具设计、安装、堆放不合理而影响模台运行和人员安全的情况。

（9）是否有设备设施故障而带病运行或超负荷运行的情况。

（10）应对临时或突发状况的对策是否完备。

2. 建立安全生产责任制，明确各岗位安全负责人

预制构件工厂管理层设立安全生产委员会，由工厂第一责任人即厂长担任安全委员会主任，成员由工厂相关管理部门负责人组成，负责工厂的安全管理工作；车间设立安全生产小组，模具组装、钢筋加工、构件制作、起重吊运、养护脱模及存放装车等作业班长为小组成员；设置专职安全员负责生产中具体的安全监督管理工作。

图 4-2-3 "7S"管理制度

车间"7S"管理规定

（1）厂长是预制构件工厂安全生产的第一责任人，对本单位的安全生产负有以下职责。

①应建立健全工厂安全生产责任制，组织制定并督促工厂的安全生产管理制度和安全操作规程的落实。

②定期研究布置工厂安全生产工作，接受政府及上级安全主管部门对安全生产工作的监督。

③组织开展与预制构件生产有关的一系列安全生产教育培训、安全文明建设。

（2）预制构件工厂安全管理人员的配备数量应符合《建筑施工企业安全生产管理机构设置及专职安全生产管理人员配备办法》（建质〔2008〕91号）以及当地安全主管部门的要求。安全生产管理人员应具备管理预制构件安全生产的能力，并经相关主管部门的安全生产知识和管理能力考核合格，持有有效期内的上岗证。安全生产管理人员对安全生产负有以下职责。

①熟悉安全生产的相关法律法规,熟悉预制构件生产各环节的安全操作规程等。

②负责拟定相关安全规章制度、安全防护措施、安全应急预案等。

③组织各生产环节的员工安全教育培训、安全技术交底等工作。

④根据生产进度情况,对各生产环节进行安全大检查。

⑤负责设置危险部位和危险源警示标志。

⑥建立安全生产管理台账,并记录和管理相关安全资料。

3. 制定安全操作规程并进行落实和培训

1)制定各生产环节的安全操作规程

为预制构件各生产环节制定相应的安全操作规程,建立健全各项制度,并组织施工人员进行培训,生产人员必须按安全操作规程进行生产作业,明确各生产环节的安全要点,杜绝危险隐患。

2)制定每个作业岗位的安全操作规程

(1)建立健全岗位安全操作规程,自觉遵守生产线、锅炉设备、搅拌站、配电房的安全生产规章制度和操作规程,按规定配备相应的劳保护具。在工作中做到"不伤害他人,不伤害自己,不被他人伤害",同时劝阻他人违章作业。

(2)从事特种设备的操作人员要参加专业培训,掌握本岗位操作技能,取得特种作业资格后持证上岗。

(3)参与识别和控制与工作岗位有关的危险源,严守操作规程,注意交叉施工作业中的安全防护,做好生产和设备使用记录,交接班时必须交接安全生产情况。

(4)对因违章操作、盲目蛮干或不听指挥而造成他人人身伤害事故和经济损失的,承担直接责任。

(5)正确分析、判断和处理各种事故隐患,把事故消灭在萌芽状态。如发生事故,要及时正确处理,如实上报、保护好现场并做好记录。

3)制定各种机具设备的操作规程

制定预制构件生产线设备、钢筋加工生产线设备、搅拌站、锅炉设备、起吊设备和电气焊设备等的操作规程,严格遵守设备安全操作规定,操作人员经考核合格后方可独立操作设备。

4)劳动防护措施

(1)在预制构件生产线、钢筋加工生产线、锅炉房、搅拌站、存放场地龙门吊、配电房等危险部位和危险源处设置安全警示标志。

(2)针对不同班组、不同工种人员提供必要的安全条件和劳动防护用品,并缴纳工伤等保险,监督劳保用品佩戴使用情况,抓好落实工作。

5)安全生产检查

(1)通过定期和不定期的安全检查,督促工厂安全规章制度的落实,及时发现并消除生产中存在的安全隐患,保证预制构件的安全生产。

（2）为了加强安全生产管理,安全检查应覆盖预制构件厂所有部门、生产车间、生产线。

（3）日常检查主要检查用电、设备仪表、生产线运行、起重吊运预制构件、车间内外的预制构件运输、预制构件存放、设备安全操作规程等情况。其次,应检查各种安全防护措施、安全标志标识的悬挂位置及其是否齐全、消防器具的摆放位置与有效期、个人劳动保护用品的保管和使用等。

6）安全教育培训

各作业人员上岗前应先接受上岗前培训和作业前培训,培训完成并考核通过后方能正式进入生产作业环节。

（1）上岗前培训:对各岗位人员进行岗位作业标准培训。

（2）作业前培训:对各工种人员进行安全操作规程培训,培训工作应秉承循序渐进的原则。

（3）培训工作应有书面的培训资料,培训完成后应有书面的培训记录,经培训人员签字后及时归档。

4.2.1.2 场地与道路布置的安全

预制构件工厂应当把生产区域和办公区域分开,如果有生活区更要与生产区隔离,生产、办公与生活互不干扰、互不影响;试验室与混凝土搅拌站应当划分在一个区域内;没有集中供汽的工厂,锅炉房应当独立布置,见图4-2-4。

图 4-2-4 构件工厂全景照片

生产区域应该按照生产流程划分,合理流畅的生产工艺布置会减少厂区内材料物品和产品的搬运,减少各工序区间的互相干扰,减少交叉作业,降低作业安全风险。

1. 道路布置

（1）厂区内道路布置应满足原材料进厂、半成品场内运输和产品出厂的要求。

（2）厂区道路要区分人行道与机动车道;机动车道宽度和弯道应满足长挂车(一般为17.5 m)行驶和转弯半径的要求。

（3）工厂规划阶段要对厂区道路布置进行作业流程推演,请有经验的预制构件工厂厂长和技术人员参与布置。

（4）车间内道路布置要考虑钢筋、模具、混凝土、预制构件、人员的流动路线和要求,实行人、物分流,避免空间交叉互相干扰,确保作业安全。

2. 存放场地布置

（1）预制构件工厂里的构件存放场地应尽可能硬化,至少要铺碎石,排水要畅通。

（2）室外存放场地需要配置 10~20 t 龙门式起重机,场地内应有预制构件运输车辆的专用通道。

（3）预制构件的存放场地布置应与生产车间相邻,方便运输,减少运输距离。

4.2.1.3　工艺设计安全要点

预制构件生产工艺设计时,应减少交叉施工,合理布置水、电、汽等线路和管道,降低安全风险。

1. 工艺交叉的安全防范措施

（1）起吊重物时,系扣应牢固、安全,系扣的绳索应完整,不得有损伤。有损伤的吊绳和扣具应及时更换。

（2）作业过程中,要随时对起重设备进行检查维护,发现问题及时处理,绝不留安全隐患。起吊作业时,作业范围内严禁站人。

（3）操作设备或机械、起吊模板等物件时,应提醒周边人员注意安全,及时避让,以防意外发生。

（4）使用机械或设备应注意安全。机械或设备使用前应先目测有无明显外观损伤,检查电源线、插头、开关等有无破损,然后试开片刻,确认无异常方可正常使用。试开或使用中若有异响或感觉异样,应立即停止使用,请维修人员修理后方可使用,以免发生危险。

（5）工具及小的零配件不得丢来甩去,模板等物搬移或挪位后应放置平稳,防止伤人。

2. 电源线的架空或地下布置

电源线的布线方式有两种:一种是桥架方式,另一种是地沟方式,也可以采用桥架和地沟结合的混合方式。

由于工艺需要,预制构件工厂有很多管网,例如蒸汽管网、供暖管网、供水管网、供电管网、工业气体管网、综合布线管网及排水管网等,应当在工厂规划阶段一并考虑进去,有条件的工厂可以建设小型地下管廊满足管网的铺设,方便维护与维修。

3. 用电保护

（1）机械或设备的用电,必须按要求从指定的配电箱取用,不得私拉乱接。使用过程中如发生意外,不要惊慌,应立即切断电源,然后通知维修人员修理。严格禁止使用破损的插头、开关、电线。

（2）对现场供电线路、设备进行全面检查,出现线路老化、安装不良、瓷瓶裂纹、绝缘能力降低及漏电等问题时必须及时整改、更换。

（3）电气设备和带电设备需要维护、维修时,一定要先切断电源再行处理,切忌带电冒险作业。

（4）大风及下雨前必须及时将露天放置的配电箱、电焊机等做好防风防潮保护,防止雨水进入配电箱和电气设备内。食堂、生活区、办公区线路及用电设备也应做好防风防潮工作。

（5）操作人员在当天工作全部完成后,一定要及时切断设备电源。

4. 蒸汽安全使用

（1）在蒸汽管道附近工作时,应注意安全,避免烫伤。

（2）严格禁止在蒸汽管道上休息。

（3）打开或关闭蒸汽阀门时,必须带上厚实的手套以防烫伤。

4.2.1.4　安全设施与劳动防护护具配置

在预制构件厂的危险源和危险区域应设置安全设施,操作工人应穿戴好劳动保护用具方可开始作业。

1. 安全设施

（1）生产区域内悬挂安全标牌与安全标志,见图 4-2-5。

图 4-2-5　构件工厂的安全标志

安全文明施工标语

施工现场标志牌

（2）凡工厂的危险区域（易触电处、临边）均应妥善遮拦，并于明显处设置"危险"标志。

（3）车间内外的行车道路、行人道路要做好分区，分区后应安装区域围栏进行隔离。

（4）厂房内外明显位置要摆放灭火器，灭火器要在有效期内。

（5）立着存放的预制构件要有专用的存放架，存放架要结实牢固，以防止预制构件倒塌。

（6）拆模后模具的临时存放，尤其是高大模具的存放需要有支撑架，支撑架要结实牢固，防止模具倒塌。

2. 劳保护具

作业人员防护用具包括安全鞋、安全帽、安全带、防目镜、电焊帽等。

（1）进入生产区域必须佩戴安全帽，系紧下颚带，锁好带扣。

（2）进行电气焊接、切割等作业，必须佩戴包括手套、电焊帽、防目镜等劳动保护用品。

（3）高处作业必须系好安全带，系挂牢固，高挂低用。

（4）预制构件修补，使用手持式切割机时，应佩戴防目镜以防止灰渣崩入眼中。

4.2.1.5　设备使用安全操作规程

预制构件工厂中存在大量机械设备，生产过程中须严格遵守相应的安全操作规程，避免对人身及财产安全造成危害。本部分内容主要从通用设备安全操作规程、预制构件生产线设备使用安全操作规程、搅拌站设备操作安全措施三个方面进行阐述。

1. 通用设备安全操作规程

（1）机械设备的危险是针对机械设备本身的运动部分而言的，如传动机构和刀具，高速运动的工件和切屑。如果设备有缺陷、防护装置失效或操作不当，则随时可能造成人身伤亡事故。生产中使用的搅拌机、布料机、行吊、钢筋加工设备等都有可能存在机械设备危险因素。

（2）操作人员应做到熟悉设备的性能，熟练掌握设备正确的操作方法，严格执行设备安全操作规程。

（3）设备操作人员必须经过培训并考试合格后方可上岗，必须佩戴相应的劳动保护用品,非操作人员切勿触碰设备开关或旋钮。

（4）严禁非专业人员擅自修改设备及产品参数。

（5）检查各安全防护装置是否有效,接地是否良好,电气按钮和开关是否在规定位置,机械及紧固件是否齐全完好;确保设备周围无影响作业安全的人和物。

（6）禁止在设备工作时打开设备覆盖件,或在覆盖件打开时启动运行设备。

（7）定期对各机械设备润滑点进行润滑,保证润滑良好;检查连接螺栓,保证连接螺栓无松动、脱落现象。

（8）设备运行时,严禁人员、物品进入或靠近机械设备作业区内,确保设备安全运行。

（9）禁止用湿手去触摸开关,要有足够的工作空间,以避免发生危险。

（10）当设备出现异常或报警时应立即按紧急停止按钮,待处理完毕后,解除急停,正常运行。

（11）设备停机时要确保各机械处于安全位置后再切断电源开关。

2. 预制构件生产线设备使用安全操作规程

（1）翻板机工作前,检查翻板机的操作指示灯、夹紧机构、限位器是否正常工作。侧翻前务必保证夹紧机构和顶紧油缸将模台固定可靠。翻板机工作过程中,侧翻区域严禁站人,严禁超载运行。

（2）清扫机应在工作前固定好辊刷与模台的相对位置,后续不能轻易改动。作业时,注意防止辊刷抱死,以免电动机烧坏。

（3）隔离喷涂机工作中,应检查喷涂是否均匀,注意定期回收油槽中的隔离剂,避免污染环境。

（4）混凝土输送机、布料机工作过程中,严禁用手或工具深入旋转筒中扒料,禁止料斗超载。

（5）模台振动时,禁止人站在振动台上,应与振动台保持安全距离。禁止在振动台停稳之前启动振动电机,禁止在自动振动时进行除振动量调节之外的其他动作。振动台作业人员和附近人员要佩戴耳塞等防护用品,做好听力安全防护,防止振动噪声对听力造成损伤。

（6）模台横移车负载运行时,前后禁止站人,轨道应清理干净、无杂物。两台横移车不同步时,需停机调整,禁止两台横移车在不同步情况下运行。必须严格按照规定的先后顺序进行操作。

（7）振动板在下降过程中,任何人员不得在振动板下部。振动赶平机在升降过程中,操作人员不得将手放在连杆和固定杆的夹角中,避免夹伤。

（8）预养护窑在工作前应检查汽路和水路是否正常,连接是否可靠。预养护窑开关门动作与模台行进动作是否实现互锁保护。

（9）抹光机开机前,应检查电动葫芦连接是否可靠,并检查抹盘连接是否牢固,避免抹光时抹盘飞出。

（10）立体养护窑与预养护窑操作类似,检修时应做好照明和安全防护,防止跌落。

（11）码垛机工作前务必保证操作指示灯、限位传感器灯安全装置工作正常。重点检查钢丝有无断丝、扭结、变形等安全隐患。在码垛机顶部检查时,需做好安全防护,防止跌落。

（12）中央控制系统应注意检查各部件功能、网络是否接入正常。

（13）拉毛机运行时严禁用手或工具接触拉刀。工作前,先行调试拉刀下降装置。根据预制构件的厚度不同,设置不同的下降量,保证拉刀与混凝土表面的合理角度。

（14）模台运行、流水线工作时,操作人员禁止站在相应防撞导向轮导向方向进行操作;模台上和两个模台中间段严禁站人。模台运行前,要先检验自动安全防护切断系统和相应防撞装置是否正常。

3. 搅拌站设备操作安全措施

（1）搅拌站作业前应检查各仪表、指示信号是否准确可靠,检查传动机构、工作装置、制动器是否牢固和可靠,检查大齿圈、皮带轮等部位的防护罩是否设置。

（2）骨料规格应与搅拌机的搅拌性能相符,超出许可范围的不得作业。

（3）应定期向大齿圈、跑道等转动磨损部位加注润滑油。

（4）正式作业前应先进行空车运转,检查搅拌筒或搅拌叶的运转方向,正常后方可继续作业。

（5）进料时,严禁进入机架间查看,不得使用手或工具伸入搅拌筒内扒料。

（6）向搅拌机内加料应在搅拌机转动时进行,不得中途停机或在满载时启动搅拌机,反转出料时除外。

（7）操作人员需进入搅拌机时,必须切断电源,设置专人监护,或卸下熔断锁并锁好电闸箱后,方可进入搅拌机作业。

4.2.1.6　常见违章环节与安全培训

作业人员上岗前应进行安全培训,并经考核合格后方可上岗作业,应明确常见的违章作业及造成的后果。

1. 常见违章环节

（1）起吊预制构件时要检查好吊具或吊索是否完好,如发现异常要立即更换。

（2）起重机吊装预制构件运输时,要注意预制构件吊起高度,避免碰到人。吊运时起重机警报器要一直开启。

（3）放置预制构件时一定要摆放平稳,防止预制构件倒塌。

（4）大型预制构件脱模后,钢模板尽量平放,若立放,应有临时模具存放架,避免出现钢模板倒塌,给操作人员造成伤害。

（5）使用角磨机必须要佩戴防目镜,避免磨出的颗粒崩到眼睛里,使用后必须把角磨机的开关关掉,不要直接拔电源,避免再次使用时插上电源角磨机直接转动,操作人员没有防备造成伤害。

（6）清理搅拌机内部时必须要关闭电源。

2. 安全培训

主要从预制构件生产概况、工艺方法、危险区、危险源及各类不安全因素和有关安全生产防护的基本知识着手,进行安全教育培训。在安全培训中,结合典型事故案例进行教育,可以使工人对从事的工作有更加深刻的安全意识,避免此类事故的发生。

1)安全培训形式

安全教育培训可采取多种形式进行。

(1)举办安全教育培训班,上安全课,举办安全知识讲座。

(2)既可以在车间内实地讲解,也可以到其他安全生产模范单位去观摩学习。

(3)在工厂内举办图片展、播放安全教育影片、做黑板报、张贴简报通报等。

安全教育培训后,应采取书面考试、现场提问或现场操作等形式检查培训效果,合格者持证上岗,不合格者继续学习补考。

2)安全培训内容

(1)预制构件生产线安全(模台运行、清扫机、画线机、振动台、赶平机、抹光机等设备安全)、钢筋加工线安全、搅拌站生产安全、桥式吊车和龙门吊吊运安全、地面车辆运行安全、用电安全、预制构件蒸汽养护和蒸汽锅炉及管道安全等。存放场地龙门吊安全管理中,除了确保吊运安全以外,还要防止龙门吊溜跑事故。每日下班前,应实施龙门吊的手动制动锁定,并穿上铁鞋进行制动双保险后,方可离开。

(2)预制构件安全,主要是指按照安全操作规程要求起运、存放预制构件;要进行预制构件吊点位置和扁担梁的受力计算,预制构件强度达到要求后方可起吊;正确选择存放预制构件时垫木的位置,多层预制构件叠放时不得超过规范要求的层数等。

(3)消防安全管理,主要是指用电安全、防火安全。根据《中华人民共和国消防法》《建设工程质量管理条例》,安装室内室外消防供水系统、自动喷淋系统、消防报警控制系统、消防供电、应急照明及安全疏散指示标志灯,存放聚苯乙烯等保温材料的库房和作业现场,要加强消防安全管理。

(4)厂区交通安全。

①运送货物或构件的运输车辆应按照规定的路线行驶,在规定的区域内停靠。

②厂区内行驶的机动车调头、转弯、通过交叉路口及大门口时应减速慢行,做到"一慢、二看、三通过"。

③让车与会车:载货运输车让小车和电动车先行,大型车让小型车先行,空车让重车先行。

④工厂区内机动车的行驶速度不得超过规定(一般为 15 km/h),冰雪天气时车速不应超过 10 km/h。

预制构件厂安全生产规章制度

4.2.2　文明生产要点

文明施工程度是现代化施工企业的标志,是社会进步和企业管理水平的体现,同时也是一项系统的基础工作。通过文明施工可以改善职工队伍的精神风貌,提高群体的文明素质和培养遵纪守法的良好习惯。一个文明施工的队伍能够更有效地提高劳动生产率,促进企业整体水平的再提高。

4.2.2.1　环境保护

施工期间必须严格执行国家和地方有关环境保护的规定和标准,创造一个良好的工作生态环境。环境保护要求如下。

（1）生产现场原材料应堆放整齐,按品种、规格分别码放。

（2）散装水泥必须装入水泥罐,做好密封保护,防止散料溢出,造成粉尘污染。

（3）生产废弃物、垃圾、现场灰渣应在每天班后及时清理,倒在指定地点,予以封盖,统一外运。

（4）石料场必须覆盖,防止扬尘。

（5）搅拌料厂要按时洒水降尘。机器设备经常维护保持整洁。

（6）现场运输装载物不超过运输车辆装载容积,避免遗洒。

（7）成品、半成品应在指定地点存放,标识清楚。

（8）生产车间要保持环境清洁,各种废料要集中回收,放置在指定地点。

（9）浇筑时的料斗要在指定地点进行冲洗。污水经过沉淀后,方可排出。

（10）混凝土在运输过程中,要防止漏洒。

（11）车间内禁止吸烟。

4.2.2.2　安全文明目标及保证措施

1. 安全文明管理目标

（1）在生产中,始终贯彻"安全第一、预防为主"的安全生产工作方针,认真执行国务院、住房和城乡建设部关于建筑施工企业安全生产管理的各项规定,把安全生产工作纳入施工组织设计和施工管理计划,使安全生产工作与生产任务紧密结合,保证施工人员在生产过程中的安全与健康,严防各类事故发生,以安全促生产。

（2）强化安全生产管理,通过组织落实、责任到人、定期检查、认真整改,杜绝死亡事故,确保无重大工伤事故,严格控制轻伤频率在千分之三以内。

（3）强化作业环境,确保不发生中毒、窒息事故。

①在施工过程中加强对有毒有害物质的管理,对操作人员进行培训交底、知识教育。

②保证作业环境有良好的通风条件,对操作人员按有关规定发放劳保用品。

③对操作者进行监督检查,保证 100% 持证上岗。

2. 安全管理组织体系

（1）安全管理体系框架图见图 4-2-6。

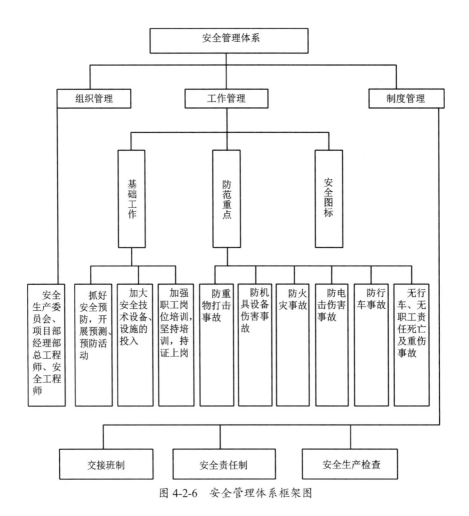

图 4-2-6　安全管理体系框架图

（2）制订安全生产的教育与培训计划,对新入职的职工及时进行安全教育和必要的岗位培训。

（3）建立完善的联检制度,定期进行安全检查,对存在的安全隐患问题要及时采取措施整改。

（4）对电焊工、起重工等特殊工种要严格管理,做到持证上岗、安全操作。

3. 文明施工实施方案

成立文明施工领导小组,在上级文明施工领导小组的指导下开展工作。

（1）必须严格按照程序文件及作业指导书的要求进行施工,严禁违章作业。

（2）现场整齐有序,条理分明,应做到:

①现场使用材料堆放整齐、有序;

②工具、设备按照规定的位置摆放;

③夜间施工时要保证道路畅通、路口设立醒目标识并有足够的照明设施。

（3）施工现场与生活区分开,维持所有房屋处于清洁并适合人群居住。

①注意水土保护,经常清扫周围环境,防止疾病传播。

②禁止闲杂人员进入施工现场。

③注意维修、保养所有的便道、供电系统等。

PC 构件吊装文明施工方案

4.2.2.3　施工安全应急救援措施

为预防可能发生的各种潜在的事故和紧急情况,尽量减少火灾、爆炸、中毒、交通事故、自然灾害等安全事故,减少对人员和环境的不利影响,做到有效控制与处理,厂部应成立应急救援准备与响应控制领导小组。

为及时有效地处理重大突发事件,减少对工程正常生产秩序的影响,应建立以项目领导班子为首的工作领导小组。在事故发生第一时间内启动应急机制,保证做到:统一指挥、职责明确、信息畅通、反应迅速、处置果断,把事故损失降到最低。

4.2.2.4　企业形象

现在,许多企业已经制定了 CI(企业识别)战略,对企业形象进行策划、设计,并制定了企业形象手册,建筑企业形象手册的内容一般如下。

(1)保证现场临建的标准,统一工地外貌,办公室、会议室按公司形象手册统一要求进行设计、施工;办公室、食堂、卫生间等按统一相应规定装修、配置;保证各办公室、会议室门牌,各类指示性、警示性标牌的统一。

(2)施工现场全体人员佩戴统一制作的胸卡;安全帽有企业的统一标志,正面贴公司徽章。

(3)正对大门位置可以放置放大的公司质量方针标牌。

(4)施工现场道路坚实、平坦、整洁,在施工过程中保持畅通。

(5)建立健全现场施工管理人员岗位责任制,并挂在办公室的墙上,使自己能随时看到自己的责任,把现场管理工作抓好。

施工现场形象对企业形象、企业实力和企业层次有很强的展现力。施工现场形象策划围绕企业总体目标,分为规划阶段、实施阶段和检查验收阶段三部分进行。

在现场形象规划阶段,围绕企业总体目标,并结合现场实际情况及环境,在机构内部组建现场形象工作领导小组和现场形象工作执行小组,确定现场形象目标及实施计划,编制《现场形象设计及实施细则》《现场形象视觉形象具体实施方案》《现场形象工作管理制度》,保证形象工作从策划设计到实施全面受控。

在现场形象实施阶段,现场形象实施由形象工作执行小组按照现场形象策划总体设计要求落实责任、具体实施。工作内容主要包含:施工平面形象总体策划,员工行为规范,办公及着装要求,现场外貌视觉策划,主体工程形象整体策划,工程"六牌两图"设计,工程宣传牌、导向牌及标志牌设计,施工机械、机具标识,材料堆码要求等。企业应把形象实施与施工质量、安全、文明及卫生结合起来抓,并注意随着施工进度改变宣传形式。

在现场形象检查验收阶段,分局部及整体效果进行质量目标检查验收,从理念、行为到视觉识别,深化到用户满意理念,提高内在素质,保证外在效果。

图 4-2-7 所示为文明施工现场。

4.2.2.5 人员形象

企业全体员工实行挂牌上岗制度,安全帽、工作服统一规范(图 4-2-8)。安全值班人员佩戴不同颜色的标记,如:工地安全负责人戴黄底红字臂章,班组安全员戴红底黄字袖章。

(1)安全帽:管理人员和各类操作人员佩戴不同颜色的安全帽以示区别,如:项目经理、集团公司管理人员及外来检查人员戴红色安全帽;一般施工管理人员戴白色安全帽;操作工人戴黄色安全帽;机械操作人员戴蓝色安全帽;机械吊车指挥戴红色安全帽。一般在安全帽前方正中粘贴或喷绘企业标志。

(2)服装:所有操作人员统一服装。

(3)胸卡:全体人员佩戴统一制作的胸卡。

图 4-2-7　文明施工现场

图 4-2-8　工作人员形象

文明施工考核、管理办法

习题及答案

一、填空题

1.(　　　)是预制构件工厂安全生产的第一责任人,对本单位的安全生产负责。

2.凡工厂的危险区域(易触电处、临边)均应妥善遮拦,并于明显处设置(　　　)标志。

3.作业人员上岗前应进行(　　　),并经(　　　)后方可上岗作业,应明确常见的违章作业及造成的后果。

4.起吊预制构件时要检查好吊具或吊索是否完好,如发现异常要(　　　　　)。

5.厂区内行驶的机动车调头、转弯、通过交叉路口及大门口时应减速慢行,做到(　　　)。

6.工厂区内机动车的行驶速度不得超过规定(一般为(　　　)),冰雪天气时车速不应超过(　　　)。

7.在生产中,始终贯彻(　　　)的安全生产工作方针。

8.在施工过程中加强对有毒有害物质的管理,对操作人员进行(　　　)、(　　　)。

9.对电焊工、起重工等特殊工种要严格管理,做到(　　　)、安全操作。

二、简答题

1.简述预制工厂质量管理体系的安全生产三原则。

2.什么是车间"7S"管理?

3.安全生产管理人员对安全生产负有哪些职责?

4.简述预制构件生产线设备使用安全操作规程。

习题答案

附录

附录 A　装配式建筑构件制作与安装职业技能等级标准

附录 B　"1+X"装配式建筑构件制作与安装证书

参考文献

[1] "建筑材料工程技术"专业资源库,微知库,网址:http://wzk.36ve.com/home/index

[2] 张波.装配式混凝土结构工程 [M].北京:北京理工大学出版社,2016.

[3] 夏峰,张弘.装配式混凝土建筑生产工艺与施工技术 [M].上海:上海交通大学出版社,2017.

[4] 高中.装配式混凝土建筑口袋书:构件制作 [M].北京:机械工业出版社,2019.

[5] 吴耀清,鲁万卿.装配式混凝土预制构件制作与运输 [M].郑州:黄河水利出版社,2017.

[6] 刘晓晨,王鑫,李洪涛,等.装配式混凝土建筑概论 [M].重庆:重庆大学出版社,2018.

[7] 陈锡宝,杜国城.装配式混凝土建筑概论 [M].上海:上海交通大学出版社,2017.

[8] 文林峰.装配式混凝土结构技术体系和工程案例汇编 [M].北京:中国建筑工业出版社,2017.

[9] 郭学明.装配式混凝土结构建筑的设计、制作与施工 [M].北京:机械工业出版社,2017.

[10] 中华人民共和国住房和城乡建设部.装配式混凝土建筑技术标准:GB/T 51231—2016[S].北京:中国建筑工业出版社,2017.

[11] 中国建筑标准设计研究院,中国建筑科学研究院.装配式混凝土结构技术规程:JGJ 1—2014[S].北京:中国建筑工业出版社,2014.

[12] 住房和城乡建设部标准定额研究所.钢筋连接用灌浆套筒:JG/T 398—2019[S].北京:中国标准出版社,2019.

[13] 中华人民共和国住房和城乡建设部.钢筋套筒灌浆连接应用技术规程:JGJ 355—2015[S].北京:中国建筑工业出版社,2015.

[14] 中国建筑材料工业协会.通用硅酸盐水泥:GB 175—2007[S].北京:中国标准出版社,2008.

[15] 中国建筑材料联合会.白色硅酸盐水泥:GB/T 2015—2017[S].北京:中国标准出版

社,2017.

[16] 中国钢铁工业协会. 钢筋混凝土用钢 第 1 部分:热轧光圆钢筋: GB 1499.1—2017[S]. 北京:中国标准出版社,2017.

[17] 中国钢铁工业协会. 钢筋混凝土用钢 第 2 部分:热轧带肋钢筋: GB 1499.2—2018[S]. 北京:中国标准出版社,2018.

[18] 中国钢铁工业协会. 钢筋混凝土用钢 第 3 部分:钢筋焊接网: GB/T 1499.3—2010[S]. 北京:中国标准出版社,2011.

[19] 中国建筑材料联合会. 建筑用绝热材料 性能选定指南: GB/T 17369—2014[S]. 北京:中国标准出版社,2014.

[20] 中华人民共和国住房和城乡建设部. 混凝土结构用钢筋间隔件应用技术规程: JGJ/T 219—2010[S]. 北京:中国建筑工业出版社,2011.